全国中等职业技术学校楼宇智能化专业教材

电梯基础知识与保养

人力资源和社会保障部教材办公室组织编写

中国劳动社会保障出版社

图书在版编目(CIP)数据

电梯基础知识与保养/人力资源和社会保障部教材办公室组织编写. —北京：中国劳动社会保障出版社，2014

全国中等职业技术学校楼宇智能化专业教材

ISBN 978－7－5167－0854－5

Ⅰ.①电… Ⅱ.①人… Ⅲ.①电梯－中等专业学校－教材 Ⅳ.①TU857

中国版本图书馆 CIP 数据核字(2014)第 009505 号

中国劳动社会保障出版社出版发行

（北京市惠新东街 1 号 邮政编码：100029）

*

北京鑫海金澳胶印有限公司印刷装订 新华书店经销

787 毫米×1092 毫米 16 开本 10 印张 212 千字

2014 年 2 月第 1 版 2024 年 7 月第 8 次印刷

定价：18.00 元

营销中心电话：400-606-6496

出版社网址：http://www.class.com.cn

http://jg.class.com.cn

前　言

进入 21 世纪，智能楼宇技术飞速发展，对社会生活各方面的影响日益深刻，相关技能人才的需求量也随之增加。为了更好地适应中等职业技术学校楼宇智能化专业的教学需求和企业的用人要求，我们组织全国有关学校的一线教师和行业专家，开发了本套教材。

本套教材包括《建筑基础知识》《楼宇智能化概论》《电工基础知识与技能》《电子基础知识与技能》《综合布线与网络通信》《安全防范系统实务》《火灾报警与消防联动系统实务》《供配电系统监控实务》《照明系统监控实务》《环境控制系统实务》，以及《电梯基础知识与保养》。本套教材的开发过程一直以如下理念作为指导：

第一，以就业为导向，突出职业教育特色。全套教材面向楼宇智能化设备操作和维护技能人才的培养，以对口岗位需求为原点，依据职业能力和相关知识两个维度确定内容。在夯实基础的同时，为学生提供良好的职业发展平台。

第二，体现职业教育改革趋势，坚持贴近实际、贴近生活、贴近学生的原则。依据现有教学条件，以工程任务为载体，引导学生在实践中领悟知识、获得技能，培养自主学习的意识、能力和信心，激发学生的学习兴趣。

第三，紧跟楼宇智能化技术发展，符合时代要求。教材立足当前，放眼未来，既选择通用设备类型展开实训，又尽可能多地介绍行业新知识、新技术和新设备，从而帮助学生尽快适应工作岗位的需要，提高人才培养质量。

本套教材可供全国中等职业技术学校楼宇智能化专业选用，也可作为职业培训教材。教材的编写工作得到了广东、江苏、浙江等省人力资源和社会保障厅及有关学校的大力支持，在此，我们表示诚挚的谢意。

人力资源和社会保障部教材办公室

目　　录

第一章　电梯概述

随着现代化城市的高速发展，城市中出现了越来越多的高楼大厦，每时每刻都有大量的人与货物需要运送。如此大的市场需求，使得电梯与人们的生活结合得越来越紧密。

第一节　电梯的定义与分类

一、电梯的定义及发展概况

根据 GB/T 7024—2008《电梯、自动扶梯、自动人行道术语》的规定，电梯是服务于规定楼层的固定式升降设备。它具有一个轿厢，运行在至少两列垂直的倾斜角小于15°的刚性导轨之间。轿厢尺寸与结构形式便于乘客出入或装卸货物，即通常所说的直梯。根据自2009 年 5 月 1 日起施行的《特种设备安全监察条例》规定，电梯是指动力驱动，利用沿刚性导轨运行的箱体或者沿固定线路运行的梯级（踏步），进行升降或者平行运送人、货物的机电设备，包括载人（货）电梯、自动扶梯、自动人行道等。本书所说的电梯指的是直梯。

显然，随着时间的推移，对于电梯的定义在不停地进行着修改，那么电梯究竟是什么呢?

追溯电梯这种提升设备的历史，人们发现早在公元前我国就有利用人力作为动力的简单提升设备——辘轳，所以说，我国是世界上最早出现这种提升设备——电梯雏形的国家之一。后来人们创造了很多方法来实现重物与人在竖直方向的移动，然而均因为安全保证不足，没有得到广泛运用。

1852 年，世界上第一台电梯，也是最简单的电梯诞生了，由电动机拖动一只木匣子上下运行，用来运送货物。

1857 年，世界上第一台载人电梯问世，它采用的是卷筒式驱动，同时它已经具备了限速器和安全钳的雏形。

1889 年，美国的奥的斯试验成功了第一台具有现代意义的电力驱动蜗轮蜗杆传动的电梯，至今这种结构仍然广为采用。

1903 年，美国生产了不带减速器的无齿轮高速电梯，并把卷筒式驱动改进为曳引槽轮式传动，从而为今天高层的大行程电梯奠定了基础。至此，电梯的机械结构基本上被确定为曳引式，后来为了节省空间又出现了小机房电梯和无机房电梯。

在控制方式上：

1915 年，电梯实现了自动平层，提高了电梯的自动控制功能。

1924 年，出现了信号控制电梯。

1949 年，在大型建筑物中出现了 4 ~ 6 台群控电梯，实现了多台电梯的调度。

20 世纪 60 ~ 70 年代，在电梯的控制电路中采用了计算机，它既减小了控制系统的体积，同时又提高了系统的可靠性，使电梯的控制功能得到了极大的加强，现在的电梯远程监控系统正是在此基础上发展起来的。

在电气驱动方式上：

最早的电梯采用直流电动机作为电梯升降的动力驱动单元。

1900 年后，交流电动机由于结构简单，成本低，维修方法简单，逐渐在电梯上得到了更加广泛的应用。

1903 年，美国生产了不带减速器的无齿轮高速电梯。

20 世纪 70 年代，交流调压调速拖动控制得到了广泛的使用。

1984 年，日本三菱电机公司的第一台变频变压调速的电梯问世，使得电梯的调速性能达到了直流电动机的水平，同时具有节能、体积小、质量轻和效率高等特点，现在的电梯都采用这种控制技术。

二、电梯的分类

1. 按用途分类

（1）乘客电梯：公用建筑中为运送乘客而设计的电梯。

（2）载货电梯：通常有人伴随，主要为运送货物而设计的电梯。其中，客货电梯：以运送乘客为主，但也可运送货物的电梯。病床电梯或医用电梯：为运送病床（包括病人）及医疗设备而设计的电梯。

（3）住宅电梯：供住宅楼使用的电梯。

（4）杂物电梯：服务于规定楼层的固定式升降设备。它具有一个轿厢，就其尺寸和结构形式而言，轿厢内不允许进人。轿厢运行在两列垂直的或倾斜角小于 15°的刚性导轨之间。

（5）船用电梯：船舶上使用的电梯。

（6）观光电梯：井道和轿厢壁至少有同一侧透明，乘客可观看轿厢外景物的电梯。

（7）汽车电梯：用作运送车辆而设计的电梯。

（8）液压电梯：依靠液压驱动的电梯。

2. 按电梯额定速度分类

（1）低速电梯：0 ~ 1 m/s。

（2）快速电梯：1 ~ 1.75 m/s。

（3）高速电梯：1.75 ~ 3 m/s。

（4）超高速电梯：速度高于 3 m/s。

3. 按驱动系统分类

(1) 交流异步电动机作为曳引电动机

1) 交流单速电梯。曳引电动机为交流单速异步电动机，速度小于0.4 m/s，通常用于杂物电梯。

2) 交流双速电梯。曳引电动机为电梯专用的变极对数的交流异步电动机，速度小于1 m/s，通常用于载货电梯。

3) 交流调速电梯。曳引电动机为电梯专用的单速或多速交流异步电动机，而电动机的驱动控制系统在电梯的启动加速—稳速—制动减速（或仅是制动减速）的过程中采用调压调速或涡流制动器调速或变频变压调速的方式，速度小于2 m/s。

4) 交流高速电梯。曳引电动机为电梯专用的低转速的交流异步电动机，其驱动控制系统为变频变压加矢量变换的VVVF系统。速度适用范围比较广泛，大于1.5 m/s的电梯均适用。

(2) 永磁同步电动机作为曳引电动机（同步无齿传动电梯）

其驱动控制系统为变频变压系统，适用于高速电梯和小机房、无机房电梯。

(3) 直流电动机作为曳引电动机

1) 直流快速电梯。曳引电动机经减速箱后驱动电梯。

2) 直流高速电梯。曳引电动机为电梯专用的低转速直流电动机。

直流电动机的驱动形式通常有两种：一种采用直流发电机—电动机组驱动形式，由于其体积大，维护复杂，现在已被淘汰；另一种是采用直流晶闸管励磁、整流器供电的直流拖动电梯，因为调速性能好，启动转矩大，现在仍然有一定的应用。

(4) 液压电梯

液压电梯的升降是依靠液压传动的，分为以下两类：

1) 柱塞直顶式。液压缸柱塞直接支承在轿厢底部，通过柱塞的升降而使轿厢升降。

2) 柱塞侧顶式。液压缸柱塞设置于轿厢旁侧，通过柱塞的升降而使轿厢升降。

另外，还有采用齿轮齿条驱动和螺杆驱动的电梯，但在现今电梯市场中已经很少使用。

4. 按电梯控制方式分类

(1) 手柄开关操纵电梯

电梯司机在轿厢内控制操纵箱手柄开关，实现电梯的启动、上升、下降、平层、停止的运行状态。在这种电梯的轿厢中，电梯司机可以根据观察到的井道壁上的层楼标记和平层标记来进行平层。

(2) 按钮控制电梯

轿厢外按钮控制电梯是一种简单的自动控制电梯，具有自动平层功能，这种电梯常用于杂物电梯。轿厢外按钮控制电梯由安装在各楼层层门外的按钮箱操纵。电梯在接受了操纵指令后，能启动行驶到达指定层站停止并发出信号告知电梯外人员电梯到达，电梯在没有完成指令前是不接受其他楼层的操纵指令的。

(3) 信号控制电梯

信号控制电梯是一种自动控制程度较高的有司机电梯。它除了具有自动平层、自动开门功能外，还具有轿厢命令登记、层站召唤登记、自动停层、顺向截车和自动换向等功能。司机接收到层站召唤信号后，只要按下需要停站的轿厢按钮，电梯就自动关门运行。

(4) 集选控制电梯

集选控制电梯是一种能够把轿厢内选层信号和各层站外召唤信号与轿厢位置信号综合起来，自动决定电梯运行方向、平层开门功能的全自动控制的电梯。集选控制电梯通常都具备超载和防止轿厢门撞击乘客的保护装置。

(5) 并联控制电梯

并联控制电梯通常由 2 ~ 3 台集选控制电梯组成，所有的电梯共用层站外召唤按钮。电梯设置有基站，当一台电梯执行指令完毕时自动返回基站。另一台电梯在完成其所有的任务后就停留在最后停靠的楼层作为后备梯。基站梯可优先供进入大楼的乘客使用，后备梯主要应答其他层楼的召唤。在三台并联集选组成的电梯中，有两台电梯作为基站梯，一台为后备梯。运行原则类似于两台并联控制电梯。

(6) 群控电梯

群控电梯是指用计算机控制和统一调度多台集中并列的电梯。群控电梯可以对大型建筑物内的乘客流进行分析，按照人们预先编制的交通运行模式运行，或者由电梯的控制系统根据实际的客流情况自行选择最佳的运行控制程序。

5. 其他分类方式

按机房位置分类，分为机房在井道顶部的电梯及机房在井道底部旁侧的电梯。

按轿厢尺寸分类，经常使用“小型”“超大型”等抽象词汇表示。

按曳引机有无减速箱分类，分为有齿轮传动电梯和无齿轮传动电梯。齿轮传动又分为蜗轮蜗杆减速和齿轮减速。

第二节 电梯的基本结构与主要参数

一、电梯的基本结构

电梯的基本结构如图 1—2—1 所示。

从空间来看，电梯由机房、井道、轿厢、层站四部分组成，即占用了机房、井道、轿厢、层站四个空间。

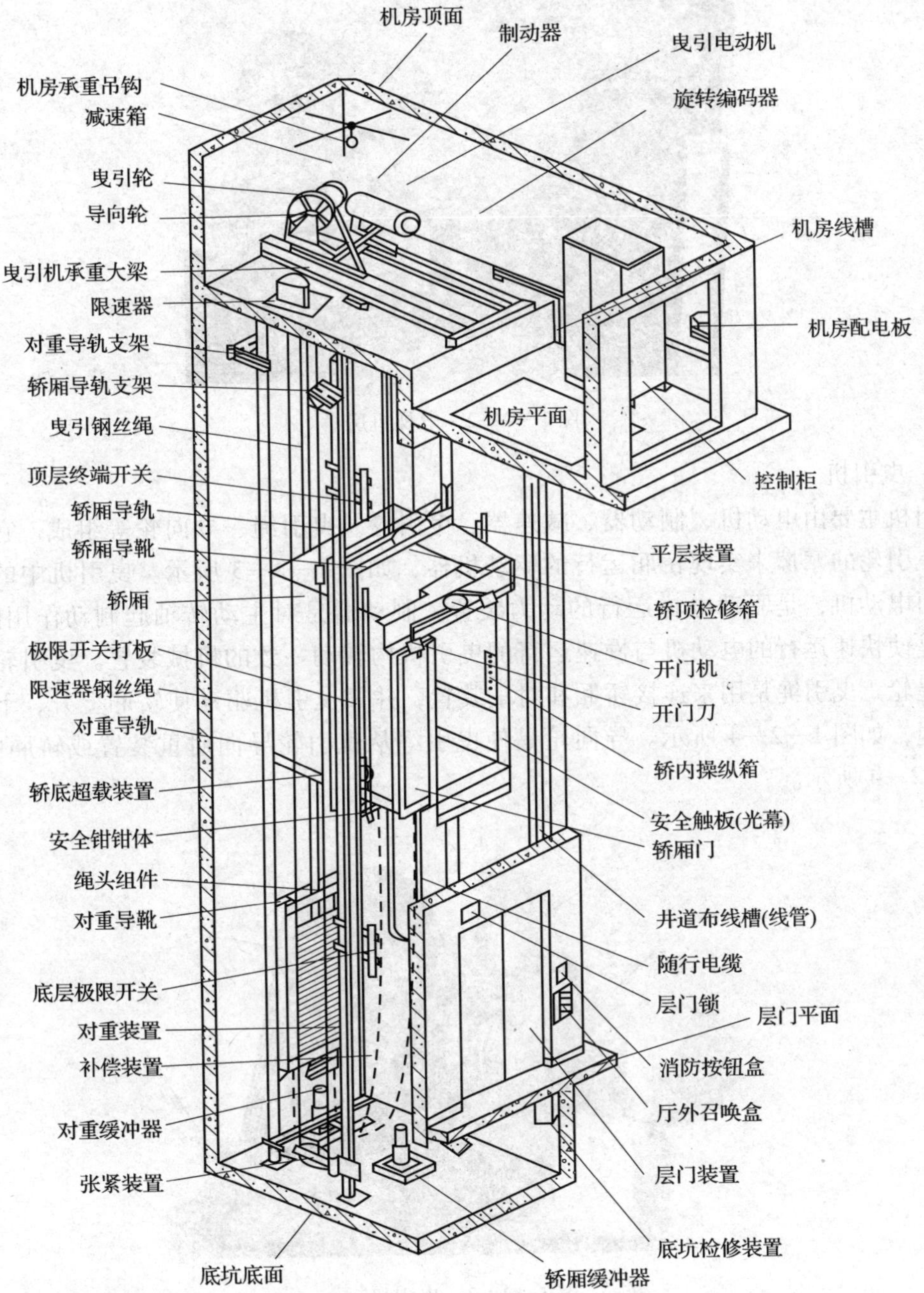

图 1—2—1　电梯的基本结构

1. 机房部分

机房是安装曳引机、电梯控制柜及有关设备的房间，如图 1—2—2 所示。

图 1—2—2　电梯机房

（1）曳引机

曳引机主要由电动机、制动器、减速器、曳引轮、曳引绳、导向轮等组成，它是靠曳引绳与曳引轮的摩擦来实现轿厢运行的驱动机器，如图 1—2—3 所示。曳引机中的电动机称为曳引电动机，是驱动电梯运行的动力装置。制动器是对主动转轴起制动作用的装置。减速器是使快速运行的电动机与慢速运行的曳引机构转动一致的机械装置。曳引轮是曳引机上的绳轮。曳引绳是用来连接轿厢和对重装置，并靠曳引机驱动使轿厢上升、下降的专用钢丝绳，如图 1—2—4 所示。导向轮是使曳引绳从曳引轮导向对重装置或轿厢的绳轮，如图 1—2—4 所示。

图 1—2—3　曳引机

1—减速器　2—制动器　3—电动机　4—旋转编码器　5—机座　6—曳引轮

（2）承重梁

承重梁是设在机房楼板上面或下面，承受曳引机自重及其负载的钢梁。

（3）控制柜

控制柜是按预定程序控制轿厢运行的控制设备，如图 1—2—5 所示。

图 1—2—4 曳引绳和导向轮

1—曳引绳 2—导向轮

图 1—2—5 电梯控制柜

（4）限速器

限速器是当轿厢运行速度达到限定值时，能发出电信号并产生机械动作的安全装置，如图 1—2—6 所示。

（5）盘车手轮

盘车手轮是靠人力使曳引机转动的手轮，如图 1—2—7 所示。

（6）松闸扳手

松闸扳手是靠人力松开曳引机的装置，如图 1—2—7 所示。

图 1—2—6　电梯限速器

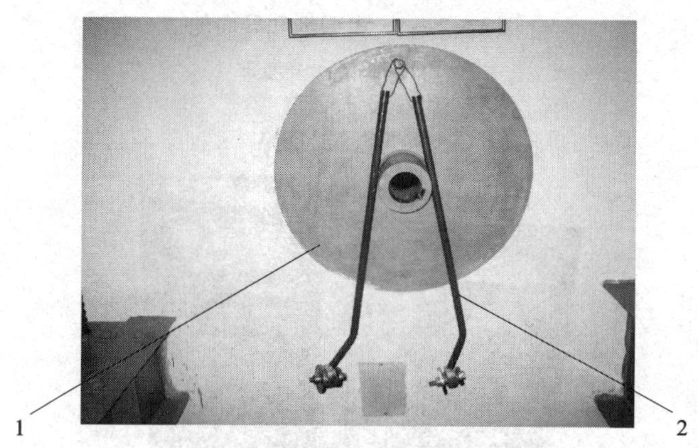

图 1—2—7　盘车手轮和松闸扳手

1—盘车手轮　2—松闸扳手

2. 井道部分

井道（见图 1—2—8）是为轿厢和对重装置运行而设的空间。该空间以井道底坑的底、井道壁和顶为界限。如图 1—2—9 所示，井道内设置以下部件：

（1）导轨

导轨是供轿厢和对重装置在升降运行中起导向作用的组合体。

（2）导轨支架

导轨支架固定在井道壁或横梁上，是支承和固定导轨的构件。

（3）导轨润滑装置

导轨润滑装置是保持导轨与滑动导靴具有良好润滑的注油装置。

（4）对重装置

对重装置设置在井道中，由曳引绳经曳引轮与轿厢相连接，在运行中起平衡作用。

（5）导靴

导靴设置在轿厢架和对重装置上，是使轿厢和对重装置沿导轨运行的装置。

图 1—2—8　电梯井道

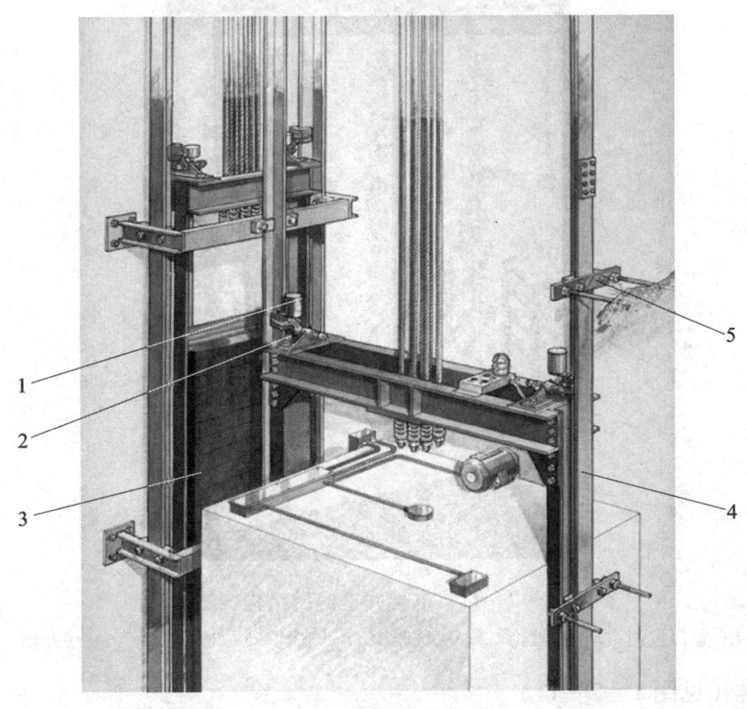

图 1—2—9　电梯井道内的结构（一）
1—导轨润滑装置　2—导靴　3—对重装置　4—导轨　5—导轨支架

（6）常见的端站保护开关（见图 1—2—10）

1）端站减速开关。当轿厢到达端站时，强迫减速并制停的保护装置。

2）终端限位开关。限制电梯越位、装在基站和顶站井道轿厢导轨侧面适当位置的行程开关。

3）极限开关。当轿厢超越端站，轿厢或对重装置未接触缓冲器之前，强迫切断主电源和控制电源的安全装置。

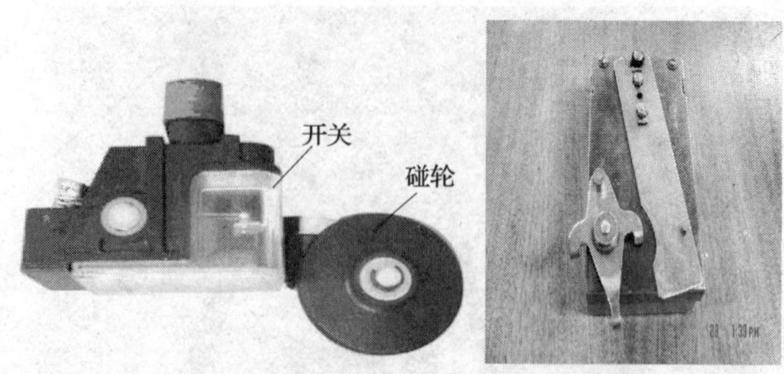

图 1—2—10　常见的端站保护开关

(7) 底坑（见图 1—2—11）

底层端站楼面以下的井道部分称为底坑。

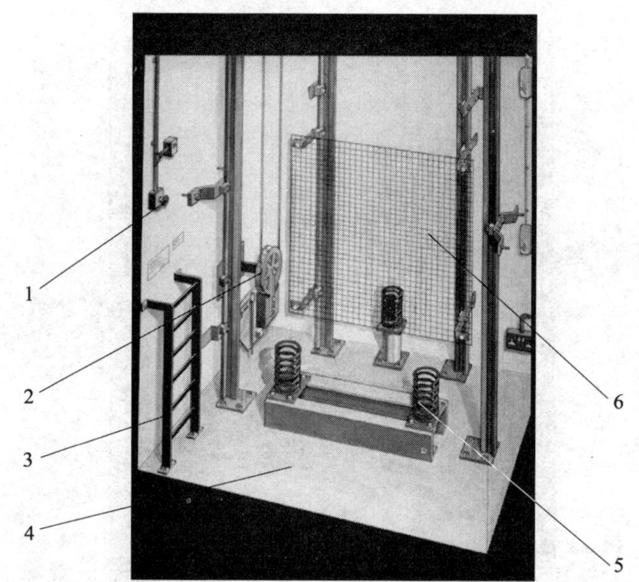

图 1—2—11　电梯井道内的结构（二）

1—急停按钮　2—张紧轮　3—底坑爬梯　4—底坑　5—对重护栏　6—缓冲器

(8) 缓冲器（见图 1—2—11）

缓冲器一般设在井道底坑内，当轿厢超过下极限位置时，是用来吸收轿厢或对重装置所产生动能的制停安全装置。

(9) 急停按钮（见图 1—2—11）

急停按钮是指可以紧急断开电路、使轿厢制停的按钮。

3. 轿厢部分

(1) 轿厢

轿厢是指用于运送乘客或货物的电梯组件，如图 1—2—12 所示。

图 1—2—12　电梯轿厢

1—轿厢门　2—操纵箱

（2）操纵箱

操纵箱是指设在轿厢内，用指令开关、按钮和手柄等操纵电梯运行的装置，如图 1—2—12 所示。

（3）轿厢门

轿厢门是指设置在轿厢入口的门，如图 1—2—12 所示。

（4）轿厢宽度

轿厢宽度是指平行于轿厢入口方向，距离轿厢底部 1 m 处测得的轿厢两壁之间的水平距离。

（5）轿厢深度

轿厢深度是指垂直于轿厢入口方向，距离轿厢底部 1 m 处测得的轿厢两壁之间的水平距离。

（6）轿厢高度

轿厢高度是指从轿厢内部测得的轿厢地坎至轿厢顶部的垂直距离。

（7）开门宽度

开门宽度是指轿厢门完全开启后的净宽。

（8）门机

门机是指轿厢门、层门（厅门）自动开启或关闭的装置，如图 1—2—13 所示。

图 1—2—13　电梯门机

(9) 安全触板

安全触板是指设置在层门、轿厢门之间，在层门、轿厢门关闭过程中，当有乘客或障碍物触及时，门立即返回开启位置的安全装置。

(10) 轿厢安全窗（紧急出口）

轿厢安全窗是指设在轿厢顶部向外开启的封闭窗，供安装、检修人员使用或发生事故时作为出入口，窗上装有打开后即可断开电路的开关。

(11) 超载装置

超载装置是指设置在轿厢底部、顶部或机房处，当轿厢超过额定负载时，能发出警告信号，并使轿厢不能运行的安全装置，如图 1—2—14 所示。

(12) 补偿链

补偿链是指用金属链构成的补偿装置，如图 1—2—15 所示。

图 1—2—14　电梯超载装置

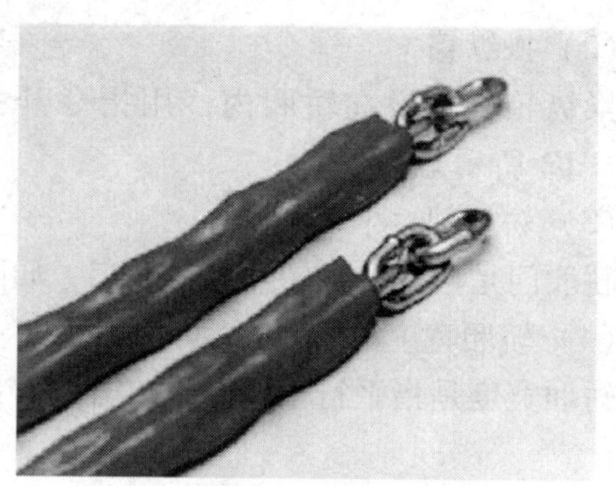

图 1—2—15　包塑补偿链

(13) 安全钳

安全钳是指由于限速器作用而引起动作，迫使轿厢或对重装置制停在导轨上，同时切断控制回路的安全装置，如图 1—2—16 所示。

4. 层站部分

(1) 层站

层站是指各层楼出入轿厢的地点。

(2) 层站入口

层站入口是指在井道壁上的开口部分，构成楼层到轿厢之间的通道。

(3) 层门（厅门）

层门是指设置在各层楼楼面的层站入口处的封闭门，如图 1—2—17 所示。

图 1—2—16　电梯安全钳

（4）开门宽度

开门宽度是指层门完全开启后的净宽。

（5）召唤盒

召唤盒是指设在层站门侧，用于传递层站呼梯信号的装置，如图 1—2—17 所示。

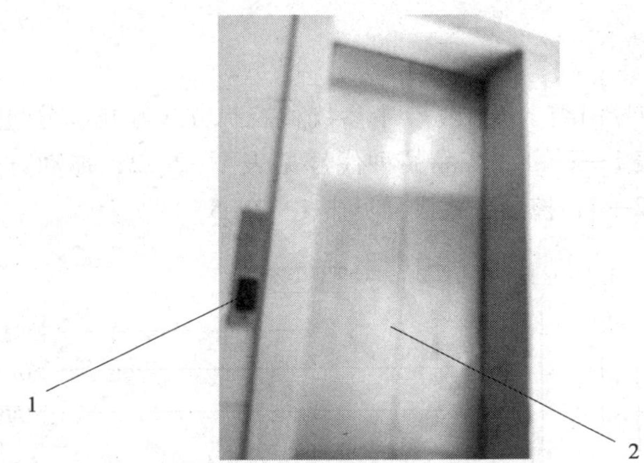

图 1—2—17　电梯层站的结构

1—层站召唤盒　2—层门

（6）地坎

地坎是指设在轿厢或层门入口处，出入轿厢的金属踏板。水平滑动的轿门或层门下端可以在地坎槽中滑动。

（7）门锁

门锁是指设在层门内侧，层门关闭后将门锁紧，同时接通控制回路、使轿厢运行的安全装置，如图 1—2—18 所示。

图 1—2—18　电梯门锁及其附件

1—门锁　2—开门装置

（8）层站开门装置

电梯检修时，能在门外用专用工具开启或关闭层门的装置称为层站开门装置。

（9）底层端站

最低的轿厢停靠站称为底层端站。

(10) 顶层端站

最高的轿厢停靠站称为顶层端站。

(11) 平层

轿厢接近停靠站时，使轿厢地坎与层门地坎达到同一平面的动作称为平层。

二、电梯的主要参数

我国电梯产品的型号由类、组、型、主参数和控制方式等几部分组成（见图 1—2—19），其中产品类别代号见表 1—2—1，产品品种代号见表 1—2—2，拖动方式代号见表 1—2—3，主要参数代号见表 1—2—4，控制方式代号见表 1—2—5。

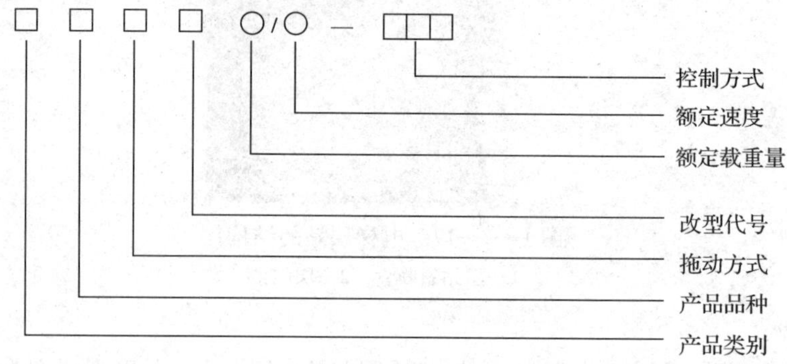

图 1—2—19 我国电梯产品的型号

表 1—2—1 **产品类别代号**

产品类别	汉字代号	拼音	表示代号
电梯	梯	TI	T
液压电梯			

表 1—2—2 **产品品种代号**

产品品种	汉字代号	拼音	表示代号
乘客电梯	客	KE	K
载货电梯	货	HUO	H
客货（两用）电梯	两	LIANG	L
住宅电梯	住	ZHU	Z
病床电梯	病	BING	B
杂物电梯	物	WU	W
船用电梯	船	CHUAN	C
观光电梯	观	GUAN	G
汽车用电梯	汽	QI	Q

表 1—2—3　　拖动方式代号

产品品种	汉字代号	拼音	表示代号
交流	交	JIAO	J
直流	直	ZHI	Z
液压	液	YE	Y

表 1—2—4　　主要参数代号

额定载重量（kg）	代号	额定速度（m/s）	代号
600	600	0.5	0.5
800	800	0.63	0.63
1 000	1 000	1.0	1.0
1 250	1 250	1.5	1.5
1 500	1 500	1.6	1.6

表 1—2—5　　控制方式代号

控制方式	汉字代号	表示代号
手柄开关控制、自动门	手、自	SZ
手柄开关控制、手动门	手、手	SS
按钮控制、自动门	按、自	AZ
按钮控制、手动门	按、手	AS
信号控制	信号	XH
集选控制	集选	JX
并联控制	并联	BL
梯群控制	群控	QK

注：控制方式采用微处理机时，以汉语拼音字母 W 表示，排在控制方式代号的后面；如采用微机的集选控制方式，代号为 JXW。

产品型号示例如下：

TLJ 1000/1.6—JX 表示：交流调速客货（两用）电梯，额定载重量为 1 000 kg，额定速度为 1.6 m/s，集选控制。

THY1000/0.63—AZ 表示：液压货梯，额定载重量为 1 000 kg，额定速度为 0.63 m/s，按钮控制、自动门。

TKZ1000/1.6—JX 表示：直流乘客电梯，额定载重量为 1 000 kg，额定速度为 1.6 m/s，集选控制。

三、电梯的基本规格

1. 电梯的品种

电梯的品种一般指电梯的用途，如乘客电梯、载货电梯、住宅电梯、杂物电梯等。

2. 拖动方式

拖动方式是指电梯的动力驱动方式，如交流电力拖动、直流电力拖动、液压拖动等。

3. 控制方式

控制方式是指电梯运行操纵方式，如手柄操纵、按钮控制、信号控制、集选控制、群控等。

4. 额定速度

额定速度的单位为米/秒（m/s），是用户选用电梯的主要参数，对生产厂是设计和制造规定的电梯运行速度。常用的额定速度为0.63 m/s、1.00 m/s、1.60 m/s、2.5 m/s等。

5. 额定载重量

额定载重量的单位为千克（kg），是用户选用电梯的主要参数，对生产厂是设计和制造规定的电梯载重量。常见的有400 kg、630 kg、800 kg、1 000 kg、1 250 kg、1 600 kg、2 000 kg、2 500 kg等。对客梯一般用乘客人数表示。

6. 开门方式

电梯开门方式有中开式、旁开式、直分式等形式。

7. 轿厢尺寸

轿厢尺寸是指轿厢的内净尺寸，用轿厢深度和宽度表示。轿厢尺寸决定额定载重量以及井道、机房的尺寸。

四、常用术语

1. 平层准确度

平层准确度是指轿厢到站停靠后，其地坎上平面对层门地坎上平面垂直方向的误差值，单位为毫米（mm）。

2. 提升高度

提升高度是指从底层端站楼面至顶层楼面之间的垂直距离，单位为毫米（mm）。

3. 乘客人数

乘客人数是指电梯轿厢限定的乘客数量。

第三节　限速器和安全钳

在电梯的安全保护系统中，提供最后的综合安全保障装置是限制器、安全钳和缓冲器。当电梯在运行中无论何种原因使轿厢发生超速甚至坠落的危险状况而所有其他安全保护装置均未起作用的情况下，则靠限速器、安全钳（轿厢在运行途中起作用）和缓冲器（轿厢到达终端位置起作用）的作用使轿厢停住，从而不使乘客和设备受到伤害。

限速器和安全钳是不可分割的装置，它们共同担负电梯失控和超速时的保护任务。一般发生电梯轿厢坠落事故的可能性很小，但也有可能，可能的原因有以下几种：

1. 曳引钢丝绳因各种原因折断。
2. 钢丝绳绳头断裂或绳头板与轿厢横梁或对重架焊接处开焊。
3. 蜗轮和蜗杆的轮齿、轴、键、销折断。
4. 由于曳引轮绳槽磨损严重，同时轿厢超载，造成钢丝绳和曳引轮打滑。
5. 轿厢严重超载，制动器失灵。

一、限速器和安全钳保护装置的组成和作用

限速器和安全钳保护装置包括限速器、安全钳、限速器钢丝绳和张紧轮几部分，其结构如图 1—3—1 所示。

1. 限速器的作用

限速器在电梯超速并在超速达到临界值时起检测及发出动作信号的作用。

2. 安全钳的作用

安全钳是由于限速器的作用而引起动作，迫使轿厢或对重装置制停在导轨上，同时切断电梯控制回路电源的安全装置。所以，安全钳是在限速器操纵下强制使轿厢停住的执行机构。

3. 限速器钢丝绳的作用

当限速器发生机械动作时，通过限速器钢丝绳拉动安全钳的联动机构。

4. 张紧装置的作用

为了保证限速器能够直接反映出轿厢的实际速度，在限速器钢丝绳的下端安装有张紧装置。

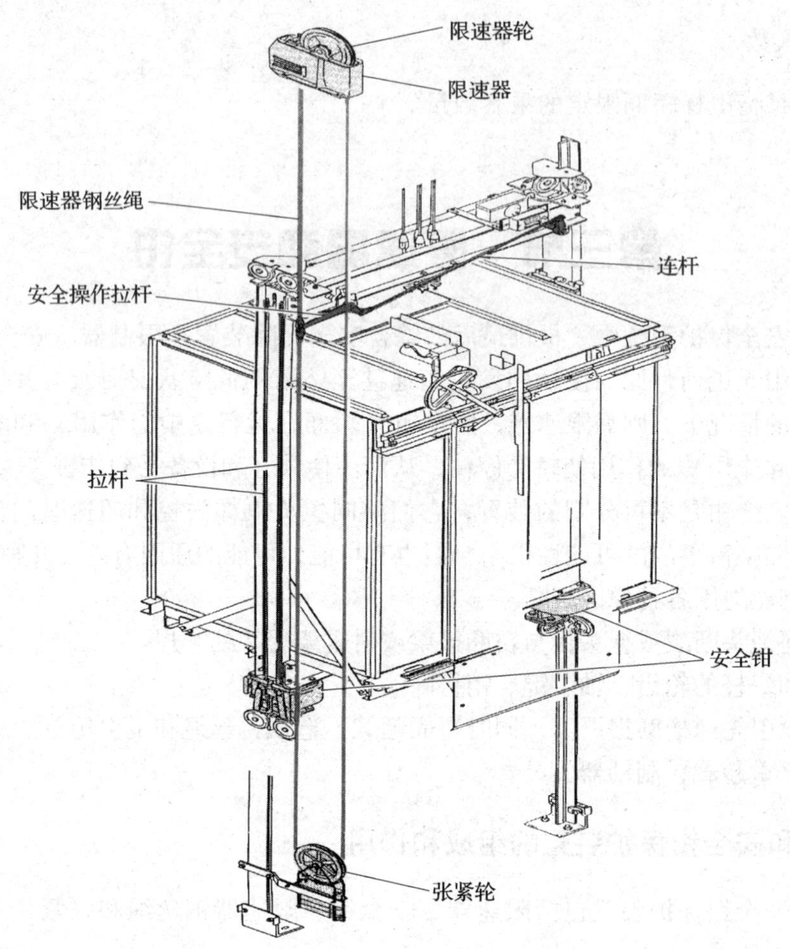

图 1—3—1　限速器和安全钳保护装置

5. 断绳开关的作用

为了防止由于绕在限速器上的钢丝绳断裂或钢丝绳张紧装置失效，在张紧装置边上装有断绳开关。一旦限速器钢丝绳断裂或张紧装置失效，断绳开关动作，同样切断控制电路。该装置使轿厢运行速度正确、无误地反映到限速器上，从而保证电梯正常运行。

二、限速器、安全钳联动动作过程

当轿厢超速下降时，轿厢的速度立即反映到限速器上，使限速器的转速加快，当轿厢的运行速度超过 115% 的电梯额定速度时，达到限速器的电气设定速度和机械设定速度后，限速器开始动作，分两步迫使电梯轿厢停下来。第一步是限速器会立即通过限速器开关切断控制电路，使电动机和电磁铁制动器失电，曳引机停止转动，制动器牢牢卡住制动轮使电梯停止运行。如果这一步没有达到目的，电梯还是超速下降，这时限速器进行第二步制动，即限速器立即卡住限速器钢丝绳，此时钢丝绳停止运动，而轿厢还再下降，这样钢丝

绳就拉动安全钳拉杆提起安全钳楔块，楔块牢牢夹住导轨。在安全钳动作之前或与之同时，安全钳开关动作，也能起到切断控制电路的作用（该开关必须采用人工复位后，电梯方能恢复正常运行）。一般情况下限速器动作的第一步就能避免事故的发生，尽量避免安全钳动作，因为安全钳动作后安全钳楔块将牢牢地卡在导轨上，会在导轨上留下伤痕，损伤导轨表面。所以一旦安全钳动作，维修人员在恢复电梯正常后，需要修锉一下导轨表面，使表面保持光洁、平整，以避免安全钳误动作。

注意：安全钳动作后，必须经电梯专业人员调整后才能恢复使用。

三、限速器装置的种类

电梯额定速度不同，使用的限速器也不同：额定速度不大于0.63 m/s 的电梯采用刚性夹持式限速器，配用瞬时式安全钳；额定速度大于0.63 m/s 的电梯采用弹性夹持式限速器，配用渐进式安全钳。常用的限速器包括凸轮式限速器、甩块式限速器和球型限速器。其中凸轮式限速器分为上摆杆凸轮棘爪式和下摆杆凸轮棘爪式；甩块式限速器分为刚性夹持式和弹性夹持式。刚性夹持式限速器适用于0.63 m/s 以下的电梯；弹性夹持式限速器动作可靠，一般配用渐进式安全钳，适用于0.63 m/s 以上的电梯，是目前电梯采用的最为普遍的一种限速器。限速器装置如图1—3—2 所示。

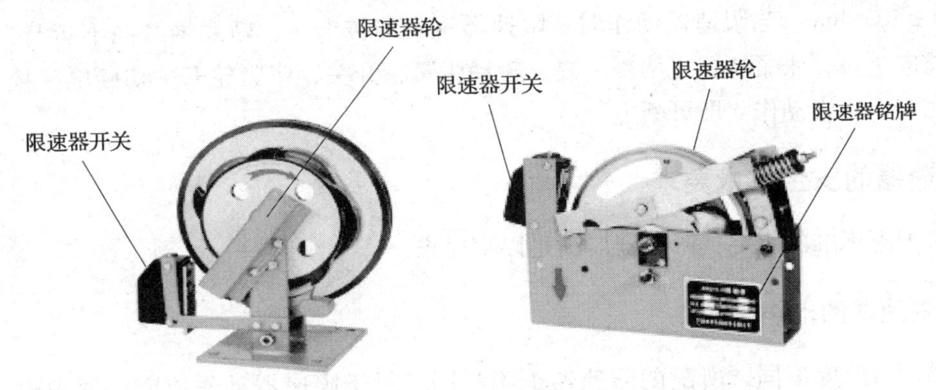

图1—3—2　限速器装置

随着新型的无机房电梯在电梯市场中份额的不断扩大，针对无机房电梯厂家设计和开发了多种新型限速器，如NG28 型无机房电梯用限速器，它的性能特点包括：采用摩擦式触发机构；可在360°圆周上任意点连续动作，动作快速、可靠；可在井道外通过机械方式遥控限速器动作；反向提拉轿厢可实现机械部分自动复位；在井道外可遥控操作使电气装置复位。

四、限速器的张紧装置

限速器的张紧装置由以下几部分组成：限速器钢丝绳、张紧轮、重锤和限速器断绳开关等。它安装在底坑内，限速器钢丝绳由轿厢带动运行，限速器钢丝绳将轿厢运行速度传递给限速器轮，限速器轮反映出电梯实际运行速度。张紧轮如图1—3—3 所示。

图 1—3—3 张紧轮

限速器张紧装置的功能是使限速器钢丝绳张紧，以保证正确地驱动限速器。

为防止限速器、安全钳联动失效，限速器设置了限速器断绳开关。当限速器钢丝绳发生断裂时，张紧装置的重锤下落，将限速器断绳开关断开，切断电梯的安全回路，电梯控制回路和主回路断电，电梯曳引机、制动器断电，电梯停止。

为了防止限速器钢丝绳过分伸长使张紧装置碰到地面而失效，张紧装置底部距底坑应有合适的高度，一般低速电梯为（400±50）mm，快速电梯为（550±50）mm，高速电梯为（750±50）mm。当限速器动作时，限速器钢丝绳被卡住，轿厢继续向下运行，把限速器钢丝绳向上拉，张紧装置支架被上提，触动张紧轮开关，张紧轮开关切断电梯控制电路，使电梯在安全钳未动作前即可断电。

五、限速器的安全技术要求

按照国家标准的规定，限速器应满足以下要求：

1. 限速器的动作速度

电梯额定速度不同，所配的限速器也不相同，对于限速器动作速度的要求也不相同，否则将起不到安全保护作用。操作轿厢安全钳的限速器速度应不低于额定速度的115%（下限值），且应小于下列数值（上限值）。

（1）对于除了不可脱落滚柱式以外的瞬时式安全钳装置为0.8 m/s。

（2）对于不可脱落滚柱式安全钳装置为1 m/s。

（3）对于额定速度小于或等于1 m/s的渐进式安全钳装置为1.5 m/s。

（4）对于额定速度大于1 m/s的渐进式安全钳装置为$1.25v+0.25/v$。

对于额定速度大于1 m/s的电梯，建议选用接近上限值的动作速度；对于额定载重量大、额定速度低的电梯，应专门为此设计限速器，并建议选用接近下限值的动作速度。

同时，规定对重限速器的动作速度应大于轿厢限速器的动作速度，但应不超过10%（当额定速度不超过0.75 m/s时，可不设限速器）。

2. 限速器开关

对于额定速度大于1 m/s的电梯，当轿厢下行的速度达到限速器动作速度之前，限速器或其他装置应借助超速开关（电气开关）使电梯安全回路断开，迫使电梯曳引机停电而停止运转。对于速度不大于1 m/s的电梯，其超速开关最迟在限速器达到动作速度时起作用；如电梯在可变电压或连续调速的情况下运行，最迟当轿厢速度达到额定速度的115%时，此电气安全装置（超速开关）应动作。

3. 限速器夹绳力

限速器动作时的夹绳力应至少为带动安全钳起作用所需力的2倍，并且不小于300 N。

4. 限速器钢丝绳

限速器应由柔性良好的钢丝绳驱动。

限速器钢丝绳的破断负荷与限速器动作时所产生的限速器钢丝绳的张紧力有关，其安全系数应不小于8。

限速器钢丝绳的公称直径应不小于6 mm。限速器绳轮的节圆直径与钢丝绳的公称直径之比应不小于30。

六、限速器的维护方法

1. 经常性检查的项目

（1）限速器动作的可靠性

如采用甩块式刚性夹持式限速器，要检查其动作的可靠性。注意：当夹绳钳（楔块）离开限速器钢丝绳时，要仔细检查此钢丝绳有无损坏现象。

（2）限速器运转是否灵活可靠

限速器运转时声音应当轻微而均匀，绳轮运转应没有时松时紧的现象。

一般检查方法是先在机房耳听、眼看，若发现限速器有误动作或其他异常声音，则说明该限速器有问题，应及时找出故障原因，进行检修或送制造厂修理、调整。

（3）限速器钢丝绳和绳套有无断丝、折曲和压痕

其检查方法是：在司机开动电梯慢速在井道内运行全程中，在机房中仔细观察限速器钢丝绳。当发现问题时，如属于还可以用的范围，必须做好记录，并用油漆做好记号，今后作为重点检查的位置。若钢丝绳和绳套必须更换，应立即停梯更换，不可再用。

（4）限速器旋转部位的润滑情况是否良好。

（5）限速器上的绳轮有无裂纹，绳槽磨损量是否过大。

（6）限速器的张紧装置

到底坑检查张紧装置行程开关打板的固定螺栓是否有松动或位移，应保证打板能碰动行程开关触点；还要检查有关零部件是否磨损、破裂等。

2. 做好维修与保养工作

（1）限速器出厂时，均经严格的检查和试验，维修时不准随意调整限速器弹簧压力，不准随意调整限速器的速度；否则，会影响限速器的性能，危及电梯的安全保护系统。另外，对于限速器出厂时的铅封不要私自拆动，若发现问题不能彻底解决，应送到厂家修理或更换。

（2）对限速器和限速器张紧装置的旋转部分每周加一次油，每年清洗一次。

（3）在电梯运行过程中，一旦发生限速器、安全钳动作，将轿厢夹持在导轨上时，应经过有关部门鉴定、分析，找出故障原因，解决后才能检查或恢复限速器。

七、安全钳的种类和特点

按钳块的结构特点不同，安全钳可分为单面偏心式、双面偏心式、单面滚柱式、双面滚柱式、单面楔块式、双面楔块式等。

其中双面楔块式在起作用（动作）的过程中对导轨损伤较小，而且制动后便于解除，因此是应用最广泛的一种。不论是哪一种结构形式的安全钳，当安全钳动作后，只有将轿厢提起，方能使轿厢上的安全钳释放。

按安全钳动作过程，常见的可分为瞬时式安全钳、渐进式安全钳。

1. 瞬时式安全钳及其动作、使用特点

瞬时式安全钳也叫做刚性急停型安全钳，如图1—3—4所示。它的承载结构是刚性的，动作时产生很大的制停力，使轿厢立即停止。

瞬时式安全钳使用的特点是制停距离短，轿厢承受冲击大。在制停过程中楔块或其他形式的卡块将迅速卡入导轨表面，从而使轿厢停止。因此，我国规定：瞬时式安全钳只能适用于额定速度不超过0.63 m/s的电梯，通常与刚性甩块式限速器配套使用。

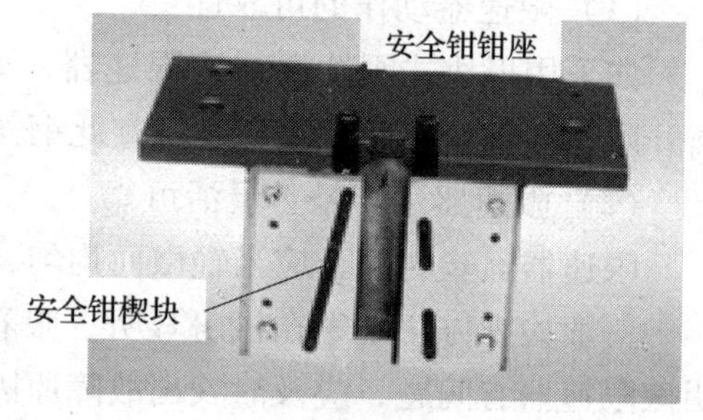

图1—3—4　瞬时式安全钳

2. 渐进式安全钳及其动作、使用特点

渐进式安全钳也叫做弹性滑移型安全钳，如图1—3—5所示。它与瞬时式安全钳的区别在于安全钳钳座是弹性结构，楔块或滚柱表面都没有滚花。钳座与楔块之间增加了一排滚珠，以减小动作时的摩擦力，它能使制动力限制在一定范围内，并使轿厢在制停时产生一定的滑移距离。

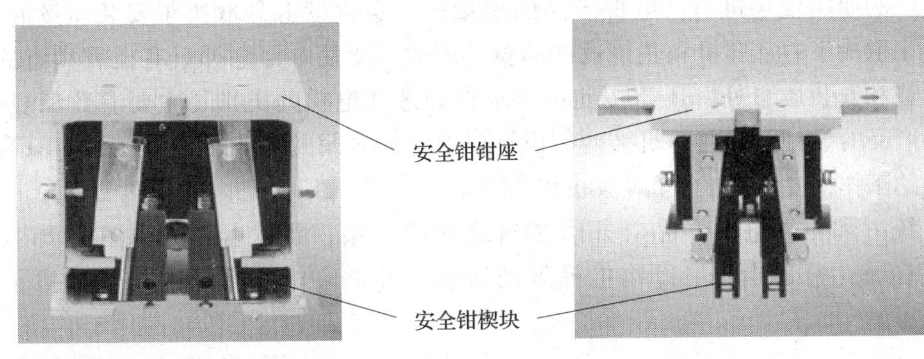

图 1—3—5　渐进式安全钳

八、安全钳的安全技术要求

若电梯额定速度大于0.63 m/s，轿厢应采用渐进式安全钳装置。若电梯额定速度小于或等于0.63 m/s，轿厢可采用瞬时式安全钳装置。若轿厢装有数套安全钳装置，则它们应全部是渐进式的。若额定速度大于1 m/s，对重安全钳装置应是渐进式的，其他情况下可以是瞬时式的。渐进式安全钳制动时的平均减速度应在（0.2～1）g之间（g=9.8 m/s^2）。

九、安全钳的维护方法

1. 检查安全钳动作的可靠性。为保证安全钳、限速器工作时的可靠性，每半年应做一次限速器、安全钳动作试验，其方法如下：

轿厢空载，从二楼开始，以检修速度下行；用手扳动限速器，使连接钢丝绳的杠杆提起，此时轿厢应停止下降，限速器开关应同时动作，切断控制回路的电源。松开安全钳楔块，使轿厢慢速向上行驶，此时导轨有被咬住的痕迹，应对称、均匀。试验后，对于导轨上的咬痕，用手砂轮、锉刀、油石、砂布等将导轨打磨光滑。

2. 检查安全钳中的操纵机构和制停机构中所有的构件是否完整、无损以及灵活、可靠。

3. 安全钳钳座和楔块部分（即安全嘴）有无裂损及污物塞入。检查时，检修人员进入底坑，然后将轿厢行驶至底层端站附近。

4. 轿厢外两侧的安全钳楔块应同时动作，且两边用力一致。

第四节　电梯与建筑物的关系

电梯与建筑物的关系，与一般机电设备比较要紧密得多。电梯的零部件分散安装在电梯的机房、井道四周的墙壁、各层站的层门洞周围、井道底坑等各个部位，因此，不同规格参数的电梯产品，对安装电梯的机房、井道、各层站门洞、底坑等都有比较具体的要求。根据电梯产品的这一特点，可见电梯产品是庞大、零碎、复杂的，而且总装工作一般需在远离制造厂的使用现场进行。电梯产品的质量在一定程度上是取决于安装质量的。但是，安装质量又取决于制造质量和建筑物的质量。因此，要使一部电梯具有比较满意的使用效果，除制造和安装质量外，还需按使用要求正确选择电梯的类别、主要参数和规格尺寸，做好电梯产品的设计、井道建筑结构的设计以及它们之间的互相配合等工作。只有协调做好各方面的工作，才能完成一部较好的电梯产品。

为了统一和协调电梯产品与井道建筑之间的关系，国家标准对乘客电梯、住宅电梯、载货电梯、病床电梯、杂物电梯等的轿厢、井道、机房的形式与尺寸做了具体的规定。

一、有关井道的规定

1. 井道的尺寸

根据所定电梯的额定载重量和额定速度，确定出轿厢的内净尺寸，再进一步推算出轿厢的轮廓尺寸及井道尺寸。井道尺寸是指井道内部的宽和深。它由轿厢的外廓尺寸、对重尺寸、轿厢与对重的间隙及各自与井道壁的间隙等加以确定。另外，它与对重设置的位置有关。我国 GB/T 7025《电梯主参数及轿厢、井道、机房的型式与尺寸》中给出了电梯标准主参数所对应的井道尺寸，可适用于额定速度 2. 5 m/s、额定载重量在 2 500 kg 以下的各类电力拖动电梯。

为了提高建筑空间的利用效率，电梯井道的尺寸应尽可能小些，即在保证电梯安全运行的前提下，各部件之间的间隙尽量小。但其中须注意以下几点：

（1）轿厢与导轨安装侧的井道壁之间的间隙应不小于 200 mm，在这个间隙中，除了安装轿厢导轨外，还要设置电缆、限速器钢丝绳、平层感应器、端站保护装置等。

（2）轿厢与非导轨安装侧井道壁的间隙或对重与井道壁的间隙均应不小于 100 mm。

（3）轿厢地坎与层门地坎的间隙应不大于 35 mm。

（4）轿厢地坎与井道前壁的间隙不得大于 150 mm。目的是防止人跌入井道及在电梯正常运行期间将人夹进轿厢门和井道间的空隙中，这在折叠式门的情况下尤其应注意。

当在一个井道中设置有两台以上的电梯时，为了在两台轿厢之间装设导轨，需要有中间梁。中间梁可采用 200 mm × 100 mm 工字钢或 200 mm × 90 mm 槽钢架设。当采用 5 m 长度的导轨时，由于一根导轨至少需要两个固定点，所以中间梁上下方向的安装间距为 2 ~ 2. 5 m。

乘客电梯、住宅电梯、病床电梯的井道水平尺寸是用铅垂线测定的最小净空尺寸，允许偏差值为：

对高度 ≤30 m 的井道为 0 ~ +25 mm；

对 30 m < 高度 < 60 m 的井道为 0 ~ +35 mm；

对 60 m < 高度 < 90 m 的井道为 0 ~ +50 mm。

以上偏差仅适用于对重装置使用刚性金属导轨的电梯。如果电梯对重装置有安全钳时，井道的宽度和深度尺寸允许适当增加。

载货电梯的井道水平尺寸是用铅垂线测定的最小净空尺寸，允许偏差值为：

对高度≤30 m 的井道为 0 ~ +25 mm；

对 30 m < 高度 < 60 m 的井道为 0 ~ +35 mm。

以上偏差仅适用于对重装置使用刚性金属导轨的电梯。如果电梯对重装置有安全钳时，井道的宽度和深度尺寸允许适当增加。

无轿门电梯的井道壁必须是光滑的，不允许有任何凸出物及凹口。

对多台并列成排的电梯，共用井道的总宽度等于单梯井道宽度之和，再加上单梯井道之间的分界宽度之和，每个分界宽度最小按 200 mm 计。

2. 顶层高度和轿厢顶部间隙

顶层高度是指电梯最高层站楼面与井道顶面下最凸出构件之间的垂直距离。轿厢顶部间隙是指轿厢停在最高层时，轿厢上梁顶面至井道顶面之间的高度。这两个值都应与电梯额定速度有关。它们要保证当对重装置处于完全压缩缓冲器位置时，轿顶仍有一定的安全高度，即应满足以下几点要求：

（1）轿顶容站人的平面与井道顶最低部件的水平面之间的自由垂直距离应至少为 $1.0 + 0.035v^2$（以 m 为单位），v 为电梯的额定速度。

（2）井道顶最低部件与固定在轿顶上的最高部件之间的自由距离应不小于 $0.3 + 0.035v^2$（以 m 为单位）。

（3）井道顶的最低部件与导靴或滚轮之间、钢丝绳附件和垂直滑动门的横梁等最高部分之间的自由距离应不小于 $0.1 + 0.035v^2$（以 m 为单位）。

（4）轿厢上方应有足够的空间，该空间的大小以能放进一个不小于 0.5 m × 0.6 m × 0.8 m 的长方体为准。

3. 底坑

底层端站地板以下的井道部分称为底坑。在设计井道时，应考虑以下几个问题：

（1）底坑深度

底坑深度是指由底层端站地板至井道底坑地板之间的垂直距离。底坑深度是根据电梯的速度和容量来确定的。电梯的额定载重量和额定速度越大，则底坑越深。无论何种规格的电梯，其底坑深度应不小于 1.4 m，并且当轿厢完全压实在缓冲器上时应同时满足以下要求：

底坑中有足够的空间。该空间的大小以能放进一个不小于 0.5 m × 0.6 m × 1.0 m 的矩形块为准，矩形块可以任何一个面着地；底坑底与轿厢最低部分之间的净距离（除下述 3 条外）应不小于 0.5 m；底坑底与导靴或滚轮、安全钳楔块、护脚板或垂直滑动门之间的净距离不得小于 0.1 m。

（2）底坑的承载

首先要考虑到安全钳或缓冲器动作瞬间底坑底部的反作用力。具体可按下述方法计算：

轿厢缓冲器底座下部：40（$P+Q$）（N）；

对重缓冲器底座下部：40G（N）；

每根导轨底部：$10D_0+F$（N）；

式中 P——对重总重量；

Q——轿厢额定载重；

D_0——导轨质量，kg；

F——安全钳动作时每根导轨上产生的作用力，N。

对滚柱式以外的瞬时安全钳：$F=25$（$P+Q$）（N）；

对渐进式安全钳：$F=10$（$P+Q$）（N）；

对滚柱式瞬时安全钳：$F=15$（$P+Q$）（N）。

上述这些载荷计算式中的系数都是加速度的量纲单位（m/s^2），因为它们都由重力加速度（$g=10\ m/s^2$）换算而来。

在计算底坑反作用力时，之所以要采用轿厢的自重和额定载荷之和，是因为在缓冲器作用时，所连接的对重继续向上运动，甚至跳跃，对重几乎不起作用。

电梯井道最好不要设置在人们能到达的空间上面。如果轿厢或对重底下确有人们到达的空间，底坑的底面至少按 5 000 Pa 载荷设计，并且对重应设置安全钳装置，防止出现对重高速冲击缓冲器的情况。当对重无安全钳时，对重缓冲器必须安装在一直延伸到坚固地面上的实心桩墩上。

对直顶式液压电梯，要在底坑地面中间留一孔，供存放液压缸用。由于直顶式液压电梯通常不设轿厢安全钳，所以应选缓冲器的冲击载荷和柱塞支承的载荷中较大的一个作为底坑设计的载荷。侧顶式液压电梯对底坑的冲击力类似于曳引电梯的计算。

4. 井道开口

井道除了下述开口外，应是封闭的。

（1）层门开口

有的货梯和病床梯在同一层站开有对应两个门口，以方便货物的装卸和病床车的出入。客梯从安全角度说，一般不宜设两个门。对于区间性服务的电梯，往往在非服务楼层区（也称盲层）不开设层门口，考虑到电梯故障时营救需要，若相邻两层门地坎间的距离超过 11 m 时，其间应设安全门。

（2）永久性开口

如机房与井道取得联系的钢丝绳孔、导向轮安装孔、选层钢带孔等，这些板孔应保证机件与孔间有一定间隙，应尽量减小开口尺寸。为防止油、水流入井道，凡机房中通向井道的孔，均在四周筑 1 个至少 50 mm 高的凸圈。

（3）通往井道的检修活板门的开口和安全门的开口

为了方便进行检修，部分电梯在井道设置有检修活板门或安全门。

（4）排气孔、通风孔

为了使井道得到适度通风，井道通风面积应不小于井道水平断面面积的1%，在符合通风要求的情况下，通风孔往往为井道顶部的永久性开口所代替。对于高速电梯，还要解决井道的排气和增压问题，为了排气，需要在井道的底部和顶部设计排气孔。

二、有关机房的规定

机房可以设置在井道顶部，也可以设置在井道底部，后者结构复杂，建筑物承重大，对井道尺寸要求大，只有在不得已情况下才使用。大多数情况使用的是前者。

1. 机房的大小

机房尺寸应足够大，以允许维修人员安全和容易地接近所有部件，特别是电气设备。各类电梯对机房面积的要求不相同，一般至少为井道截面积的 2 倍以上。对于交流电梯为 2 ~2. 5 倍，但对于汽车梯和病床梯，它们的轿厢底面积大，在不妨管理机器的情况下，机房大小可不受这一限制。

2. 机房的通风

为了保证电梯的正常运行，机房内的环境温度应保持在 5 ~40℃之间。机房内的最大热源是曳引机，如果采用电动机——发电机组的话，则还有发电机。另外，若机房处于屋顶，几乎全天暴晒于阳光下。因此机房应有良好的通风，一般机房的温度应不高于 400℃，相对湿度不大于 85%（25℃时）。

3. 机房中机器的布置

（1）控制柜（屏）

控制柜（屏）的前面和需要检查、修理等人员操作的部件前面应提供不小于 0. 6 m × 0. 5 m 的空间。

（2）曳引机、限速器

曳引机旋转部件的上方至少应有 0. 3 m 的垂直净空距离。为了对各运动部件进行维修和检查（如电动机手盘轮操作），要有一块至少为 0. 5 m ×0. 6 m 的水平净空面积。

（3）主电源开关

在机房中，每台电梯应单独装设主电源开关，并有易于识别（应与曳引机和控制柜相对应）的标志。该开关位置应能从机房入口处方便、迅速地接近。如几台电梯共用同一机房，各台电梯的主电源开关应有易于识别的标志。该开关不应切断下列供电电路：

1）轿厢照明和通风。

2）机房和滑轮间照明。

3）机房内电源插座。

4）轿顶与底坑的电源插座。

5）电梯井道照明。

6）报警装置。

4. 机房承重

（1）机房承重横梁的总负载

机房承重横梁的总负载可根据下式求出：

$$R_0 = R_S + R_D$$

其中 R_S 为静负载重量，其值为：

$$R_S = (Q_Y + Q_L)\ g$$

$$R_D = 2\ (P + Q + G + Q_G)\ g$$

式中 Q_Y——曳引机自重；

Q_L——包括导向轮、控制屏、限速器及支撑在机房地板上所有设备的重量之和；

Q_G——包括曳引钢丝绳、补偿绳、控制电缆的自重之和。

（2）动载系数

如果确定了总负载重量的作用点，就可按承重梁最大弯矩点来计算应力，并计算安全系数，一般承重梁的安全系数应大于4。

（3）机房地板承重

机房地板应能承受6 000 Pa以上的压力。

（4）吊钩承重

为了便于设备的搬运，在机房顶板或上横梁的适当位置上应设置一个或多个金属支架吊钩。吊钩承重一般应是被提升机器重量的2倍以上，吊钩主要用于吊装曳引机、轿厢等组件。对额定载重量不大于1 t的电梯，吊钩承重至少为2 t。对额定载重量不大于2 t的电梯，吊钩承重至少为3 t。而超高层大楼用的电梯则必须设承重10 t以上的吊钩。

三、电梯在建筑物中的位置

电梯在建筑物内是最为引人注意的设备，它应与大楼的布置与装饰相协调。对于电梯在大楼中的位置安排，建筑设计师是有充分研究的，一般遵循以下几点原则：

1. 因为电梯是大部分出入建筑物的人经常使用的交通工具，所以要设置在最容易看到的地方。要从运行效率、缩短候梯时间以及降低建筑费用等方面综合考虑，最好把电梯集中在一个地方，而不要分散设置。

2. 从电梯使用方便角度考虑，可将电梯对着正门或大厅入口并列设置。

3. 可以将电梯设置在正门或大厅通路的旁侧或两侧。这时靠近正门或大厅入口的电梯利用率就高，较远的利用率低。为了防止出现这种情况，需要将电梯指定服务层，使各电梯服务均等。

4. 在百货大楼中，电梯最好集中设置在售货区一端容易看到的地方。当电梯同扶梯并

设时，应当通过分析来决定两者的位置。

5. 在超高层建筑中，电梯的台数可能达数十台，所以必须特别注意它们的布置形式，一般可采取分区运行的办法，将梯群分成高、中、低运行梯组。此时电梯都将集中设置在建筑物的中央。

总之，大楼中的电梯布置应尽量利于乘客使用，能缩短使用时平均等候时间，提高运行效率。

第二章　电梯机房设备

第一节　电梯的传动形式

随着电梯的不断发展，根据电梯使用场合的不同，电梯的驱动可以采用卷筒驱动、液压驱动和曳引驱动等方式，其中曳引驱动在实际中应用最为广泛。

一、卷筒驱动电梯

卷筒驱动是早期电梯的主要传动形式，它利用电动机带动卷筒使钢丝绳缠绕在卷筒上，从而牵引电梯轿厢上下移动。卷筒驱动的电梯主要存在以下几个方面的问题：

1．提升高度低，因为受到钢丝绳磨损的影响及卷筒尺寸的限制，电梯的行程不能很高。

2．额定载重量小，相比较于曳引驱动的电梯，卷筒驱动所需要的电动机的功率和钢丝绳的承载能力要求更大，这样就限制了卷筒驱动电梯的额定载重量不宜过高。

3．电梯行程不同，必须配置不同的卷筒。

4．导轨需承受较大的侧向力。在卷筒转动提升轿厢过程中，钢丝绳在卷筒上的卷绕位置在不停地发生变化，因此，会使钢丝绳对导轨等固定部件产生侧向力，在电梯的长期运行中这是非常不利的。

由于卷筒驱动电梯的以上缺点，在现在的电梯上已经不再使用这种驱动形式。

二、液压驱动电梯

液压驱动的电梯是通过泵站将油压入液压缸，为柱塞提供向上的动力，而柱塞直接或间接作用在轿厢上，使轿厢向上移动，当轿厢需要向下移动时，可以利用轿厢的自重使油自动返回液压缸中。液压驱动的电梯结构如图 2—1—1 所示。

1．液压驱动电梯的优点

（1）空间利用率高，相同载重量和速度的液压驱动电梯比曳引驱动电梯的井道面积小。

（2）建筑立面美观，液压驱动电梯的机房不设置在建筑物顶部，对建筑物的立面要求苛刻的场合尤其有利。

（3）安装和维护费用低。

（4）提升载荷大，在低速度、大载荷场合，液压驱动电梯的优点尤其明显。

2．液压驱动电梯的缺点

（1）电梯速度低，行程小，由于液压驱动电梯的动力和控制方面的限制，液压驱动电梯一般用在速度低于 1 m/s、高度低于 20 m 的建筑物中。

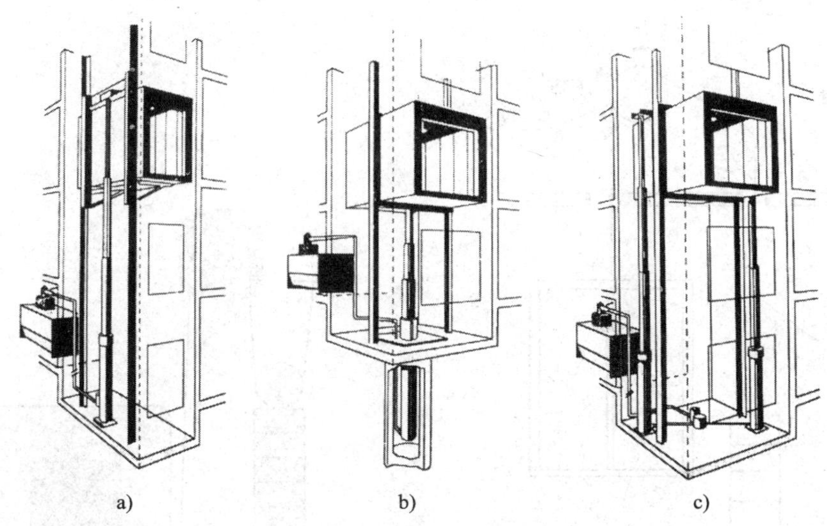

图 2—1—1　液压驱动的电梯结构

a）单缸侧置直顶式　b）单缸底置直顶式　c）双缸侧置直顶式

（2）液压驱动电梯的动力传输物质是油，当油温发生变化时，电梯速度会产生波动。

（3）相比较于曳引驱动的电梯，液压驱动的电梯所需的能耗更大。

（4）机房噪声大。

由于以上特点，液压驱动电梯一般用于停车场、仓库和提升高度低的低层建筑物中。

三、曳引驱动电梯

1. 曳引驱动电梯提升机构的优越性

相较于卷筒驱动和液压驱动的电梯，曳引驱动的电梯在市场上得到了最广泛的应用。

在曳引驱动机构中，钢丝绳悬挂在曳引轮上，其一端与轿厢连接，另一端与对重连接。当曳引轮转动时，曳引钢丝绳与曳引轮之间的绳槽产生摩擦力，克服电梯轿厢和对重在曳引钢丝绳上产生的拉力差，从而保证轿厢和对重随着曳引轮的正转及反转实现上升和下降运动。曳引驱动机构简图如图 2—1—2 所示。

曳引驱动的优点如下：

（1）安全可靠

当轿厢或对重越过电梯的正常行程，压在底坑中的缓冲器上时，曳引驱动的设计特点可以保证对重或轿厢不能被提升，避免对重或轿厢继续运行直到冲击电梯机房楼板，造成伤亡事故和财产损失。

（2）提升高度大

在卷筒驱动电梯中，曳引钢丝绳不断地一圈一圈地绕在卷筒上，卷筒的直径限制了钢丝绳不能过长；而在曳引驱动中钢丝绳的长度基本不受限制，因此电梯的提升高度也就可以大大增加。

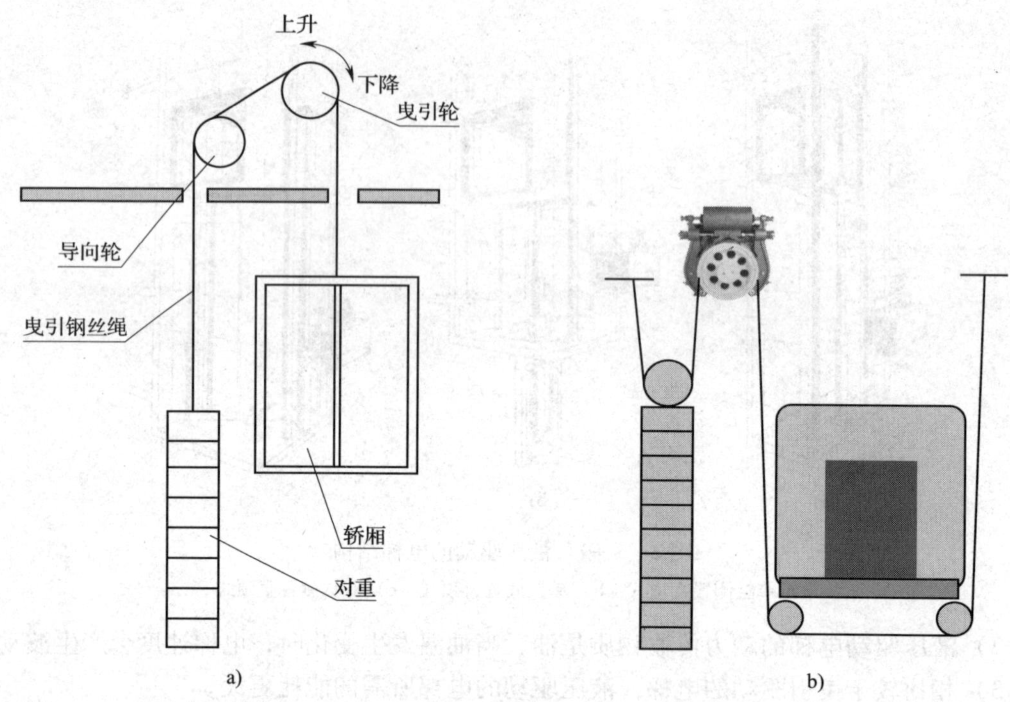

图 2—1—2 常见的曳引驱动电梯的典型绕绳方法
a) 1∶1 绕法的电梯 b) 2∶1 绕法的电梯

(3) 能耗小

曳引驱动电梯的能耗只相当于卷筒驱动和液压驱动电梯能耗的 1/3 ~ 1/2。

(4) 结构紧凑

曳引驱动电梯能够方便地通过增加钢丝绳的根数或减小钢丝绳的直径牵引同样的载重量，因此可以减小曳引轮直径，减轻提升机构的重量。

2. 曳引驱动的绕绳方法

目前常见的曳引驱动电梯的典型绕绳方法如图 2—1—2 所示。

通常将电梯运行时曳引钢丝绳的线速度与轿厢的升降速度之比称为曳引比。若曳引钢丝绳的速度等于轿厢的升降速度，称曳引比为 1∶1，图 2—1—2a 所示的结构即为 1∶1 结构。若曳引钢丝绳的线速度等于轿厢升降速度的 2 倍，称曳引比为 2∶1，图 2—1—2b 所示的结构即为 2∶1 结构。

其中 1∶1 绕法应用最为广泛，常见于交流客梯和载重量较小的货梯。而在实际生活中，货梯往往提升速度不高，但载重量较大，这样采用 2∶1 绕法结构可以在不增加电动机功率的情况下降低电梯的提升速度，同时增大货物的载重量，因此载货电梯一般都采用 2∶1 绕法结构。

当曳引绳在曳引轮和导向轮上缠绕的包角不大于 180°时，称为半绕或单绕；若曳引绳在曳引轮和导向轮上缠绕的包角大于 180°时，称为复绕。

3. 电梯的曳引能力分析

在电梯的运行过程中，曳引钢丝绳的曳引力简图如图2—1—3所示。

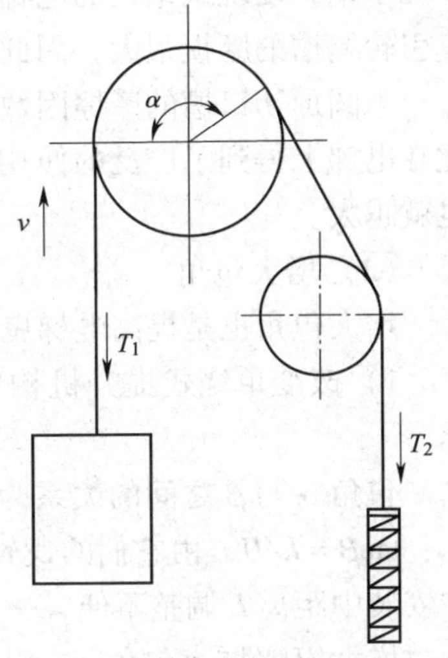

图2—1—3　曳引力简图

曳引钢丝绳的曳引力、曳引轮轮槽与钢丝绳之间的摩擦因数以及曳引钢丝绳在曳引轮上的包角保持以下函数关系：

$$\frac{T_1}{T_2} = e^{f\alpha}$$

式中　T_1、T_2——曳引轮两边钢丝绳较大张力与较小张力，N；

f——曳引轮轮槽与钢丝绳之间的摩擦因数；

α——曳引钢丝绳在曳引轮上的包角，(°)；

e——自然对数，值为2.718 28。

这个函数关系就是著名的欧拉公式，它是在钢丝绳与曳引轮处于临界滑移时按照静平衡条件得到的。若需要保证钢丝绳与曳引轮之间不产生滑移，必须满足下列条件：

$$\frac{T_1}{T_2} < e^{f\alpha}$$

式中的 $e^{f\alpha}$ 称为曳引系数，其中e为一个常数，$f\alpha$ 越大则电梯的曳引能力越强，$f\alpha$ 越小则电梯的曳引能力越弱。电梯的曳引能力在实际使用中既不能过强，要求在对重完全压缩在缓冲器上时，不能将空载轿厢提升；也不能过弱，在电梯行程的下部范围内，轿厢内载有125%额定载荷下行时停车，轿厢应可靠停止。

4. 调整和提高电梯曳引能力的措施

(1) 增加摩擦因数

电梯的曳引力是依靠曳引轮和钢丝绳之间的静摩擦力来产生的，人们常通过选择适当的曳引轮绳槽来提高钢丝绳和曳引轮之间的摩擦因数。

电梯上常见的三种曳引轮绳槽如图2—1—4所示。

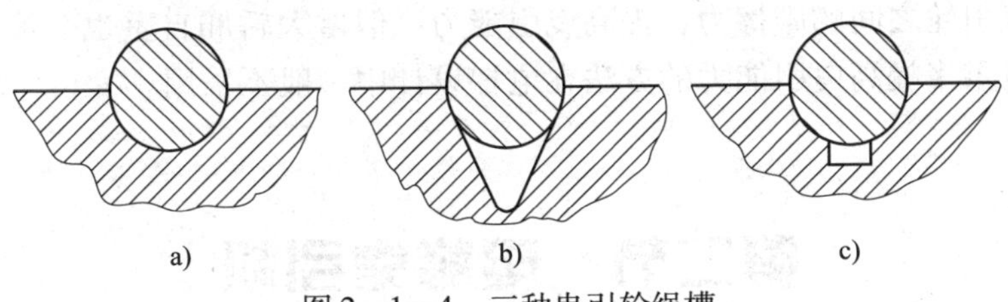

图2—1—4　三种曳引轮绳槽

a) 半圆槽　b) V形槽　c) 半圆形切口槽

半圆槽的摩擦因数比V形槽的摩擦因数要小得多，而在使用V形槽时，钢丝绳与曳引轮绳槽的磨损则大得多。半圆槽的曳引轮由于摩擦因数小，在实际使用中需要增大包角，常见于采用复绕式结构的电梯曳引轮或电梯的导向轮上。V 形槽的曳引轮由于对钢丝绳与曳引轮绳槽的磨损很大，因此较少使用。

半圆形切口槽的摩擦因数与磨损程度介于半圆槽的曳引轮和 V 形槽的曳引轮之间，因此在电梯上得到了广泛的使用。其中半圆形切口槽的开口越大，则摩擦因数就越大，磨损也就越大。

（2）增大包角

增大包角也是提高电梯曳引能力的重要途径，增大包角的方法有以下两种：

1）改变单绕式提升机构中导向轮的位置。包角与导向轮位置的关系如图 2—1—5 所示。

包角 α 与 β 之间的关系为：$\beta = 180° - \alpha$，β 越大，则包角 α 就越小。如图 2—1—5 所示：$\tan\beta = L/H$，由它们的逻辑关系可知，包角 α 与 H 成正比，与 L 成反比。由于在实际电梯安装中距离 L 调整不便，一般为定值，因此不会通过调整 L 来改变包角 α，在实际中通常通过增大 H 来增大包角 α，以提高曳引能力。

2）采用复绕形式。复绕式传动张力图如图 2—1—6 所示。

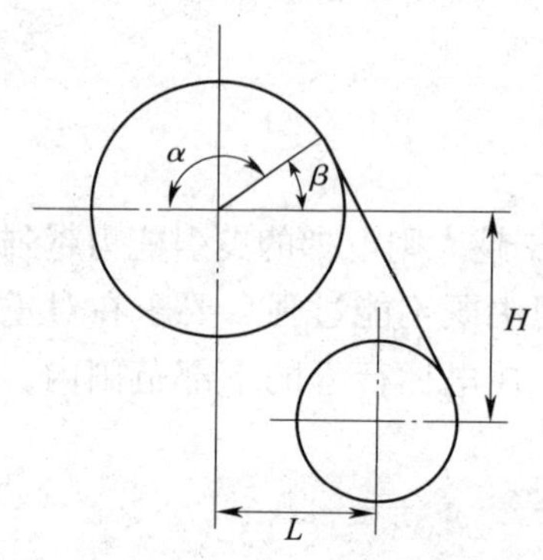

图 2—1—5　包角与导向轮位置的关系

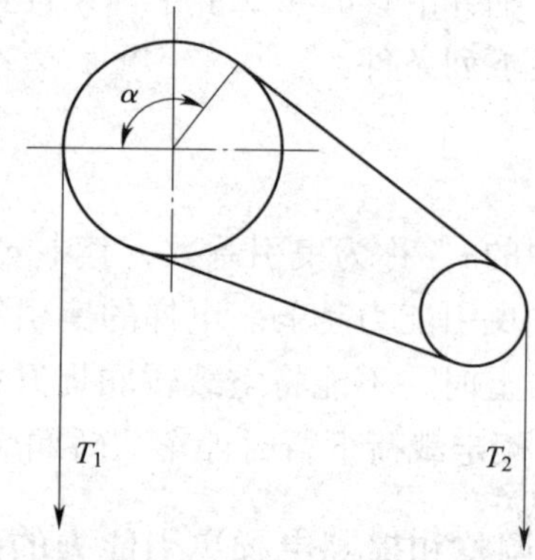

图 2—1—6　复绕式传动张力图

增大包角最为显著的办法是采用复绕形式，这种绕法常见于高速无齿轮电梯中，曳引轮绳槽通常采用半圆槽。

3）增大轿厢自重。增大轿厢自重可以使曳引钢丝绳施加在曳引轮上的压力增大，从而提高钢丝绳与曳引轮之间的摩擦力，提高曳引能力。但增大轿厢自重也会浪费材料，因此，通过增大轿厢自重来提高曳引能力的方法在电梯设计中一般不采用。

第二节　电梯曳引机

一、曳引机的分类

曳引机又称电梯主机，是电梯运行的主机，曳引机按是否带有减速箱分为有齿曳引机

和无齿曳引机两种。

1. 有齿曳引机

有齿曳引机如图 2—2—1 所示。

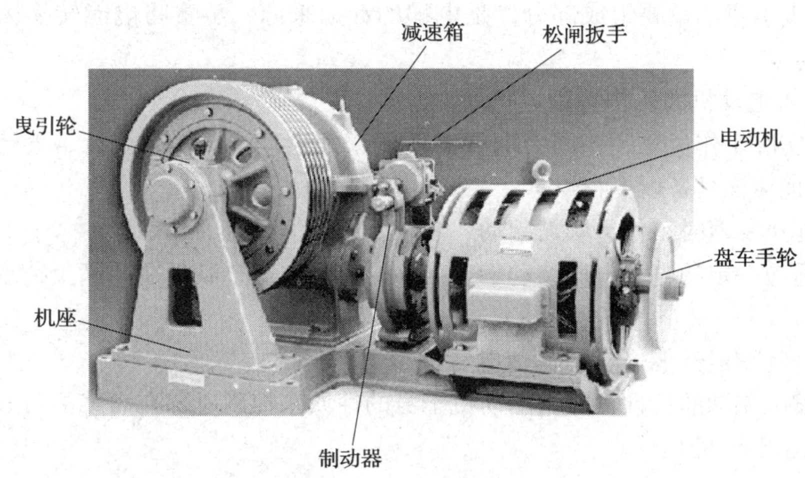

图 2—2—1　有齿曳引机

有齿曳引机由电动机、减速箱、曳引轮、电磁制动器、机座等主要部件组成。有齿曳引机带有减速箱，通常用于 1.75 m/s 以下的低速、快速电梯上。

2. 无齿曳引机

无齿曳引机如图 2—2—2 所示。

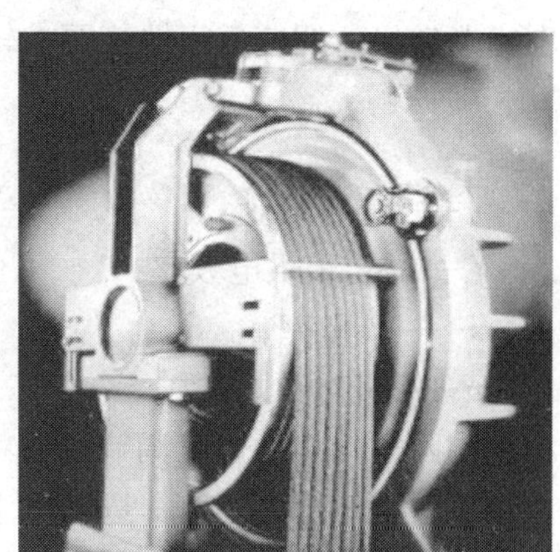

图 2—2—2　无齿曳引机

无齿曳引电梯采用永磁同步电动机作为电梯的驱动系统，具有下列传统曳引电梯无法比拟的优点：

（1）体积小，重量轻

有利于机房的小型化，降低建筑成本。

（2）能耗低

与传统的曳引机相比，无齿曳引机在结构上无减速箱，效率提高 30% 左右，电动机的损耗下降 70% 左右。

（3）噪声低

由于取消了减速结构，并且电梯的转速很低，因此噪声比传统的曳引机下降 10 dB（A）左右。

（4）维护工作量低

由于无减速箱，因此免去了减速箱加油、换油等机械维护工作，是新一代环保型电梯。

无齿曳引机不带减速箱，电动机直接与曳引轮相连，一般用于 1.5 m/s 以上的快速、高速电梯上。

二、曳引机的结构及主要部件

1. 电动机

电动机是曳引机的重要组成部分，是电梯的动力来源，负责将电能转换为电梯运行的机械能。

（1）曳引机电动机的工作特点

在电梯的实际工作过程中，因为电梯需要频繁地启动、制动，上行、下行，这样曳引机电动机相应地应该具备以下特点：

1）要有能重复短时工作，频繁起动、制动及正转、反转的特性。

2）有能适应一定的电源电压波动，有足够的启动力矩，满足轿厢满负荷启动，加速迅速的特性。

3）有良好的调速性能（针对调速电动机）。

4）要有发电制动的特性，能由电动机本身的性质来控制电梯在满载下行、空载上行时的速度（对双速电动机）。

5）有启动电流小的特性。

6）要有较硬的机械特性，不会因电梯运行时负荷的变化造成电梯运行速度的变化。

7）应运转平稳、工作可靠、噪声低及维护方便。

（2）电动机的调速原理

由于电梯经常运行在负载变化、方向转换的工作状态下，每一次停靠，电梯均需完成启动、调速和制动等一系列操作，为了增加电梯的运行稳定性和乘坐舒适性，减少能耗，对电梯电动机的调速运行性能要求较高，三相异步电动机的转速可以表示为：

$$n = \frac{60f_1(1-s)}{p}$$

式中 n——转子转速；

f_1——定子供电频率；

s——转差率；

p——极对数。

在实际电动机的速度调节过程中，可以分别通过调整定子供电频率、极对数和转差率对电动机的速度进行调节，进而调节电梯的速度。在实际使用中，由于调整转差率调速结构复杂，性能不理想，因而较少使用，常用的电梯电动机的调速方式通常为调整电动机的极对数和电动机的定子供电频率。

（3）曳引机电动机的种类

有齿曳引机主要采用交流异步电动机，分为单速电动机、双速电动机、三速电动机以及变频调速电动机几种类型。现在常用的主要包括双速电动机和变频调速电动机两种。

1）交流双速电动机

对于采用交流双速电动机的电梯曳引机，在电动机中采用增加极对数的方法进行调速，

如双速电动机和三速电动机。它的动力系统中电动机的结构比较复杂，但是控制系统相对比较简单。它具备的优点是动力系统的成本低；缺点是电动机的结构复杂，调速性能不好，无法在高速电梯中使用，因此，这种技术通常用于在层站数比较少的货梯上，在要求较高的乘客电梯中已经逐步被淘汰。

2）VVVF调速电动机

随着调速技术的发展，交流调压调频调速电动机在电梯中的应用越来越广泛，这类电动机有VVVF驱动的专用交流电梯用三相异步电动机和单绕组单速三相异步电动机两种，其性能与拖动调速控制系统相匹配。

从公式 $n=\frac{60f_1(1-s)}{p}$ 中可以看出，在不改变电动机极对数的情况下，改变定子的供电频率可以改变电动机的转速。同时，为了保持电动机在调速时输出的转矩恒定，采用变压变频调速方式，即VVVF（Variable Voltage Variable Frequency）调速方式。这种调速方式因为调速性能好，电梯的舒适性比较高，得到了越来越多的使用。

（4）电动机容量计算

电梯运行的受力情况比较复杂，曳引电动机的容量一般可按以下经验公式计算：

$$w=\frac{qv(1-k)}{102\eta i}$$

式中　w——电动机功率，kW；

q——轿厢额定载重量，kg；

v——电梯钢丝绳线速度，m/s；

k——平衡系数，取0.4～0.5；

η——电梯的机械传动效率

i——电梯钢丝绳绕绳倍率。

2. 减速箱

减速箱（见图2—2—3）的作用主要是降低电动机的输出转速，提高电动机的输出转矩。曳引机减速箱一般采用蜗轮蜗杆传动，也可用斜齿轮传动。电动机通过联轴器与蜗杆相连，带动蜗杆高速转动，由于蜗杆的头数与蜗轮的齿数相差很大，从而使由蜗轮轴传递出的转速大为降低，而转矩则得到提高。通常曳引机减速箱传动比为21～61。

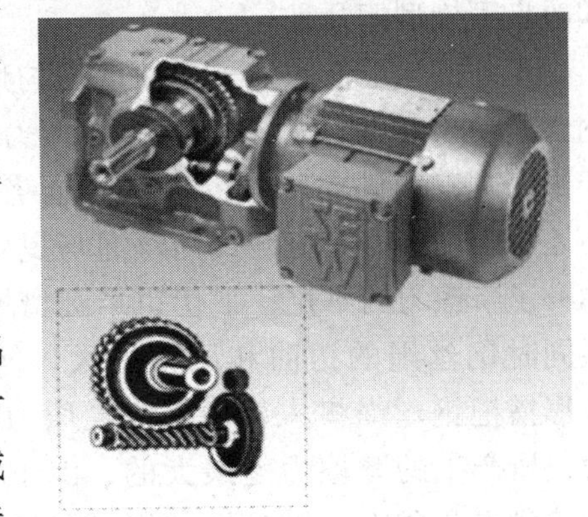

图2—2—3　减速箱

（1）减速箱的种类

减速箱的种类通常以蜗轮与蜗杆的装配位置和蜗杆的形状来分。在减速箱内，凡蜗杆装在蜗轮下方的，称为蜗杆下置式。其特点是润滑性能好，但对减速箱的密封性要求高，否则容易向外渗漏油，一般适用于重载的电梯曳引机。凡蜗杆安装在蜗轮上方的称为蜗杆上置式。其特点是减速箱内蜗杆、蜗轮齿的啮合面不易进入杂物，安装及维修方便，但润滑性较差，一般用于轻载的电梯曳引机。

（2）减速箱的结构

减速箱一般由箱体、箱盖、蜗杆、蜗轮、轴承等组成。蜗轮轴（即主轴）与蜗杆的两端都装有轴承。由于蜗轮、蜗杆的齿是斜的，在传动时会产生轴向力，因此，通常都选用向心推力轴承或向心轴承与推力轴承的组合。

（3）减速箱的润滑

减速箱的润滑包括对轴承的润滑以及对蜗轮和蜗杆的润滑两方面。主轴上滚动轴承通常采用润滑脂润滑，曳引机出厂时已在轴承中注入了适量润滑脂。在轴承座上有注油孔，使用中应按说明书的要求，按时、适量地添加，以保证轴承有足够的润滑。蜗杆轴上的轴承（蜗杆下置式）由于有一半浸在箱体内的润滑油中，因此不必对其进行专门的润滑。

在减速箱内注入适量符合规格的润滑油，对蜗轮、蜗杆以及轴承部件进行润滑是很重要的。它不但能减小表面摩擦力，减少磨损，提高传动效率，延长机件的使用寿命，而且还能起到冷却、缓冲、减振、防锈等作用。

减速箱里注入的油少，会使蜗轮或蜗杆浸入油太少，造成润滑不良。油多则会产生较大的搅油能量损失，引起发热、产生气泡等现象，并促使油质快速变质而不能再用。所以，减速箱中注入的油量是关系到润滑是否正常的重要因素。

3. 曳引轮和导向轮

曳引轮（见图2—2—4）也称驱绳轮，其作用是传递动力。曳引轮是电梯良好运行和钢丝绳使用寿命延长的关键。它被紧固在主轴套筒上，轮缘上开有绳槽，随电动机做正反转，利用钢丝绳与绳槽的摩擦力带动悬挂在绳槽上的曳引钢丝绳，使轿厢上下运行。

因为曳引轮要承受电梯轿厢自重、曳引钢丝绳重量、载重量和对重的全部重量，所以多用球墨铸铁QT60－2制成，以保证具有一定的强度和韧性。其结构要素是直径和绳槽形状。常见的槽形有半圆槽、带切口半圆槽、楔形槽和改良型楔型槽几种。

半圆槽用最低的绳子扭曲度均匀地支承钢丝绳，钢丝绳使用寿命较长，产生的摩擦力较小，不能用于半绕式曳引的电梯中，只有在全绕式曳引的电梯中才有应用，因为全绕式钢丝绳与曳引轮的包角大，弥补了摩擦力的不足；带切口半圆槽增大了曳引力，但同时钢丝绳的扭曲和压力增大，使用寿命缩短；楔形槽把钢丝绳楔入槽内，增大压力、扭曲和曳引力，所产生的摩擦力是最大的，由于钢丝绳在槽中的接触面积很小，钢丝绳与绳槽的磨损很快，影响使用寿命，同时当槽形磨损，钢丝绳中心下移时摩

图2—2—4　曳引轮

擦力就会很快下降；改良型楔型槽将楔型槽上部改良为半圆槽，而下部仍为楔形槽，既能保持适中的钢丝绳扭曲度以保护钢丝绳，又能产生较大的曳引力。

因为电梯轿厢尺寸一般比较大，当采用1∶1绕法时，轿厢中心与对重悬挂中心之间的距离通常大于曳引轮直径，为了保证轿厢与对重的间距设置了导向轮。导向轮又称过桥轮或抗绳轮，用于调整曳引钢丝绳在曳引轮上的包角和轿厢与对重的相对位置，常用球墨铸铁QT45－5铸造而成。

造成轮槽磨损的一个主要原因是轮槽上有过多的润滑剂，如果齿轮油或油脂流入轮槽，会造成污垢的堆积和阻塞，过厚的润滑剂造成钢丝绳在轮槽上滑移，造成不均等的轮槽磨损，进而造成不均等的绕绳深度，而绕绳深度增加又会造成更快的磨损。

4. 电磁制动器

电磁制动器是电梯的一个重要安全装置，安装在曳引机的高速轴上。它的作用是使轿厢停靠准确，同时，使电梯在停止时不因轿厢自重与对重的差值而产生滑移。除安全钳以外，只有它才能使工作中的电梯轿厢停止运行。电梯中的电磁制动器多是直流电磁制动器。

（1）电磁制动器的工作原理

电磁制动器的电磁线圈与电动机并联，当电梯启动时，电动机通电，电磁线圈同时通电，使铁心迅速磁化吸合，带动制动臂克服弹簧力使闸瓦张开，制动力消失，电梯得以运行；当电梯停站时，曳引电动机断电，电磁线圈同时失电，电磁力迅速消失，铁心在制动弹簧的作用下复位，闸瓦把制动轮抱紧，使电梯停止。当需要手动盘车时，可用扳手将双头螺柱转动90°即可达到松闸的目的，盘车完毕，将双头螺柱复位，制动器恢复抱闸状态。电磁制动器的结构如图2—2—5所示。

图2—2—5　电磁制动器的结构

1—制动弹簧　2—制动闸瓦　3—电磁铁　4—制动轮

（2）电磁制动器的主要结构

1）电磁铁。电磁铁的作用是松开闸瓦，因此又称松闸器。电磁铁有交流、直流之分。直流电磁铁结构简单，动作平稳，噪声低，因此电梯一般均采用直流电磁铁。

电磁铁的基本结构是线圈和一对铁心，线圈绕制在铜制的线圈套上，线圈的铜线直径、匝数、宽度等是根据所需的松闸力矩设计的。铁心用软磁材料制成，能迅速磁化和失磁，常用含碳量很低的钢材制成。电磁铁的作用是松开闸瓦，因此铁心的吸合行程与制动器的结构有关，有的制动器在铭牌上标出。为了防止吸合时两铁心的底部发生撞击，吸合后其底部间应留有适当间隙，但此间隙值不应影响铁心的迅速吸合，不应出现松闸滞后现象。正常情况下，松闸时间应不大于0.08 s。

2）制动闸瓦。制动闸瓦用销钉与制动臂相连，其特点是闸瓦可以绕铰点旋转，在制动器安装略有误差时，闸瓦仍能很好地与制动轮配合。在松闸时，闸瓦会发生自由旋转而贴向制动器。因此，在左、右制动臂上各装有两颗调节螺钉，调节这两颗螺钉，就能限制闸瓦的自由转动。松闸时闸瓦与制动轮工作表面应有0.5～0.7 mm的间隙，可通过制动臂上的定位螺钉加以调整。

3）制动弹簧。制动弹簧的作用是压紧制动闸瓦，产生制动力矩。通过调节双头螺柱两端的螺母，可以调整弹簧的压缩量，获得所需的制动力。若制动力过大，电梯平层时会产生冲击感；制动力过小会使平层不准确。

另外，曳引机通常还配备盘车手轮，在停电或其他事故中不能开车时，用盘车手轮套在电动机后轴上，可将轿厢移动至乘客能走出轿厢的厅门层站。

4）电磁制动器的使用技术要求。曳引机相关部件应满足以下要求：

①不论钢丝绳的股数多少，曳引轮、滑轮或卷筒的节圆直径与悬挂绳的公称直径之比应不小于40。

②当轿厢载有125%额定载荷并以额定速度向下运行时，操作制动器应能使曳引机停止运转。

③正常运行时，制动器应在持续通电下保持松开状态。

④切断制动器电流至少应用两个独立的电气装置来实现，不论这些装置与用来切断电梯驱动主机电流的电气装置是否为一体。

⑤制动片应不易燃。

⑥制动器应动作灵活，制动时两侧闸瓦应紧密、均匀地贴合在制动轮的工作面上，松闸时应同步离开，其四角处间隙两侧平均值不大于0.7 mm。

⑦制动器电磁线圈温升应控制在60℃以下，最高温度应不高于105℃。

第三章　电梯轿厢和对重设备

在曳引电梯中，轿厢和对重悬挂于曳引轮两侧，轿厢是运送乘客或货物的承载部分，也是唯一为乘客所看到的部分。对重是决定电梯曳引能力的一个重要部件，它用于平衡轿厢自重和额定载重量。

第一节　轿厢的组成

轿厢是电梯运载乘客、货物等的工作部分，它的作用是承载重量并在钢丝绳的曳引下沿着导轨上下运行。客梯的轿厢一般宽大于深，这样设计的目的是为了方便人员的出入，有利于提高运行效率，如图 3—1—1 所示。货梯的轿厢一般深大于宽或宽深相同，这主要是考虑装卸货物的方便，如图 3—1—2 所示。病床梯的轿厢为适应病床的运送而设计的深而窄，如图 3—1—3 所示。观光梯轿厢的外形设计呈流线形，以减小空气阻力及运行噪声，如图 3—1—4 所示。

图 3—1—1　客梯轿厢

图 3—1—2　货梯轿厢

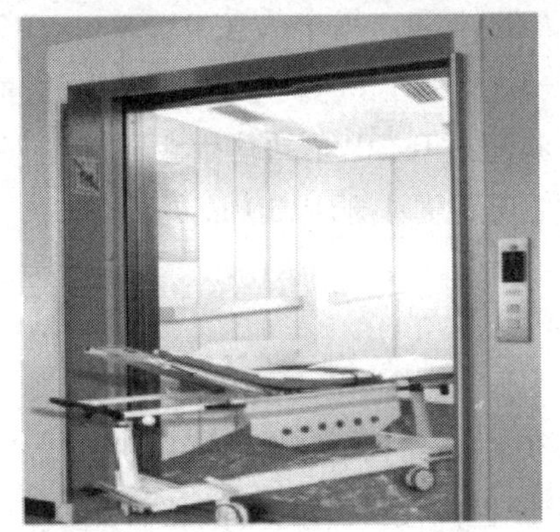

图 3—1—3　病床梯轿厢

图 3—1—4　观光梯轿厢

不同用途的轿厢，在结构形式、结构尺寸、内部装饰等方面都存在不同，但基本结构是相同的，轿厢是由轿底、轿壁、轿顶、轿门和与之相关的轿架、开门机及操纵盘等部件组成，如图3—1—5所示。

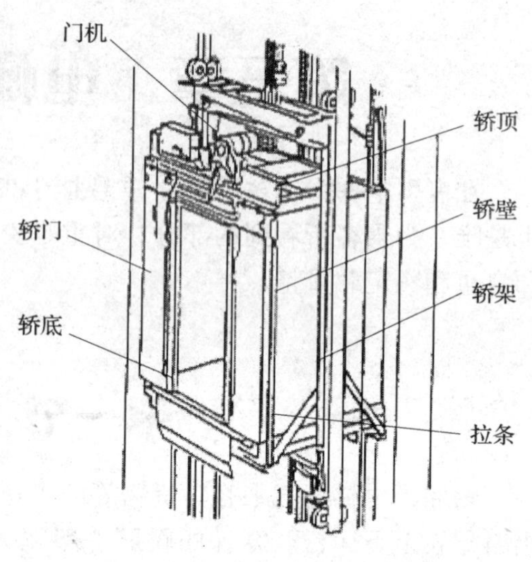

图3—1—5　轿厢的组成

一、　轿顶

轿顶要求能够承受三个携带工具的检修人员（每人以100 kg计），其弯曲挠度应不大于轿厢跨度的1/1 000。为维修方便，轿顶应有一块不小于0.12 m^2的站人用净面积，其最小边长至少应为0.25 m。一般轿顶设有安全窗，其尺寸应不小于0.35 m×0.5 m。此窗门向外用手开起，并装有安全开关。窗一旦开起，安全开关动作，切断了电梯的安全回路，使电梯不能再运行。

为了维修、操纵方便，轿顶还应设置轿顶检修盒，检修盒包括下列开关：检修/运行开关、急停开关、门机开关、照明开关、上运行开关、下运行开关和供检修用的电源插座。

轿顶还应设置防护栏杆，用来保护轿顶维修人员的人身安全。

1. 轿顶指示标识和承载要求

在轿顶上应给出下列指示：

（1）停止装置上或其近旁应标出“停止”字样，设置在不会出现误操作危险的地方。

（2）检修运行开关上或其近旁应标出“正常”及“检修”字样。

（3）在检修按钮上或其近旁应标出运行方向。

（4）在栏杆上应有警示符号或须知。

此外，在轿顶的任何位置上，应能支撑两个人的体重，每个人按0.20 m×0.20 m面积上作用1 000 N的力，应无永久变形。轿顶应有一块不小于0.12 m^2的站人用的净面积，其短边不应小于0.25 m。离轿顶外侧边缘有水平方向超过0.30 m的自由距离时，轿顶应装设护栏。自由距离应测量至井道壁，井道壁上有宽度或高度小于0.30 m的凹坑时，允许在凹坑处有稍大一点的距离。

2. 轿顶护栏技术要求

（1）当轿顶外侧边缘距离井道壁的距离超过300 mm时，应装设轿顶护栏。

（2）护栏由扶手、100 mm高的护脚板和位于护栏高度一半的中间栏杆组成。

（3）当轿顶外侧边缘距离井道壁的距离不大于850 mm时，扶手高度不应小于700 mm。

当轿顶外侧边缘距离井道壁的距离大于 850 mm 时，扶手高度不应小于 1 100 mm。为了既保证扶手高度，又保证轿顶设施和电梯井道顶的距离，有些扶手设置为可伸缩式。

（4）扶手外缘和井道中的任何部件之间的水平距离不应小于 100 mm。

（5）护栏的入口应方便维修人员进出轿顶。

（6）护栏应装设在距离轿顶边缘最大为 150 mm 以内。

（7）在轿顶护栏上应有警示符号和须知，告诫维修人员不得伏卧或斜靠护栏。

作为电梯维修人员在轿顶作业时，应做到“站稳扶牢，不倚靠护栏”和“保持与对重及井道内其他设施的安全距离”。

二、轿壁

轿壁的 1.5 mm 厚钢板折边后用螺钉与轿底、轿顶和轿厢加强梁连接，轿壁可用涂塑钢板、喷漆钢板、不锈钢板等材料装饰。

轿壁应有足够的机械强度，要求从轿厢内任何位置垂直向外，在 5 cm^2 圆形或方形面积上施加均匀的 300 N 的力，其弹性变形应不大于 15 mm，且无永久变形。

三、轿底

轿底由型钢组成框架，铺上钢板或胶木板，可铺设具有防火性能的材料为装饰。轿底定位于轿架底梁上，由拉条与立柱拉紧，支撑轿厢内所有载荷。轿底单位面积的支承重量随电梯用途不同而有较大差别，对客梯通常每 100 kg 载荷面积为 0.2 ~0.4 m^2。电梯载重量越大，每 100 kg 所需要面积越小，超过载重量 2 500 kg 载荷时，面积按 0.16 m^2增大。

轿厢面积是根据载重量和乘客人数确定的。为防止由于人员过多引起轿厢超载从而造成电梯的溜车事故，轿厢的有效面积应予以限制。轿厢额定载重量与最大有效面积之间的关系见表 3—1—1。

表 3—1—1　　轿厢额定载重量与最大有效面积之间的关系

额定载重量（kg）	轿厢最大有效面积（m^2）	额定载重量（kg）	轿厢最大有效面积（m^2）	额定载重量（kg）	轿厢最大有效面积（m^2）	额定载重量（kg）	轿厢最大有效面积（m^2）
100①	0.37	525	1.45	900	2.20	1 275	2.95
180②	0.53	600	1.60	975	2.35	1 350	3.10
225	0.70	630	1.66	1 000	2.40	1 425	3.25
300	0.90	675	1.75	1 050	2.50	1 500	3.40
375	1.10	750	1.90	1 125	2.55	1 600	3.56
400	1.17	800	2.00	1 200	2.80	2 000	4.20
450	1.30	825	2.05	1 250	2.90	2 500③	5.00

①一人电梯的最小值。

②二人电梯的最小值。

③额定载重量超过 2 500 kg 时，每增加 100 kg 面积增加 0.16 m^2，对中间的载重量其面积由线性插入法确定。

轿厢载客人数按每人 75 kg 计算。

$$电梯最多乘客数量 = \frac{额定载重量}{75}（取整数）$$

计算结果向下取最接近的整数，或按下表取其中较小的数值，见表 3—1—2。

表 3—1—2 轿厢载客人数关系表

乘客人数（人）	轿厢最小有效面积（m^2）	乘客人数（人）	轿厢最小有效面积（m^2）	乘客人数（人）	轿厢最小有效面积（m^2）	乘客人数（人）	轿厢最小有效面积（m^2）
1	0.28	6	1.17	11	1.87	16	2.57
2	0.49	7	1.31	12	2.01	17	2.71
3	0.60	8	1.45	13	2.15	18	2.85
4	0.79	9	1.59	14	2.29	19	2.99
5	0.98	10	1.73	15	2.43	20	3.13

注：超过 20 位乘客时，对超出的每一乘客增加 0.115 m^2。

四、轿门

轿门关闭后门扇之间及门扇与立柱、门楣和地坎之间的间隙应尽可能小。对于乘客电梯，此运动间隙不得大于 6 mm。对于载货电梯，此间隙不得大于 8 mm。由于磨损，间隙值允许达到 10 mm。如果有凹进部分，上述间隙应从凹进部分底部进行测量。动力驱动门应尽量减少门扇撞击人的不良后果，阻止关门力不应大于 150 N，这个力的测量不应在关门形成开始的 1/3 之内进行。

五、操纵盘

操纵盘是设置在轿厢内，用指令开关、按钮或手柄等操纵轿厢运行的电气装置。操纵盘设在轿厢内轿门旁或侧壁上，如图 3—1—6 所示。操纵盘可分为主操纵盘、副操纵盘、残疾人用操纵盘等，根据客户需要选用。操纵盘上装有内选按钮、开关门按钮、对讲机、紧急救援开关—警铃按钮等供乘客使用。

如果电梯行程大于 30 m，在轿厢和机房之间应设置紧急电源供电的对讲系统或类似装置。该装置的供电应来自紧急照明电源或等效电源。该装置应采用一个对讲系统以便与救援服务持续联系。在启动此对讲系统之后，被困乘客应不再做其他操作。

当电梯在运行中发生故障意外停车，轿厢内的乘客可以按下警铃按钮，警铃动作发出声响通知轿厢外的人员及时提供帮助，并且可以帮助维修人员判断轿厢的位置。

在操纵盘的下面带钥匙锁控制盒内，有检修上行或下行点动按钮、直驶按钮、风扇电源开关、照明电源开关、司机/自动开关、停止开关、独立运行开关等供专业技术人员使用。此部分严禁非专业人员使用。轿内显示器位于操纵盘的上方，显示电梯的所在位置、运行方向等。轿内显示器也有独立操纵盘，单独置于轿门内上方或轿厢侧壁上。厂家铭牌、额定载重量、乘客人数等位于显示器下方，如图 3—1—7 所示。

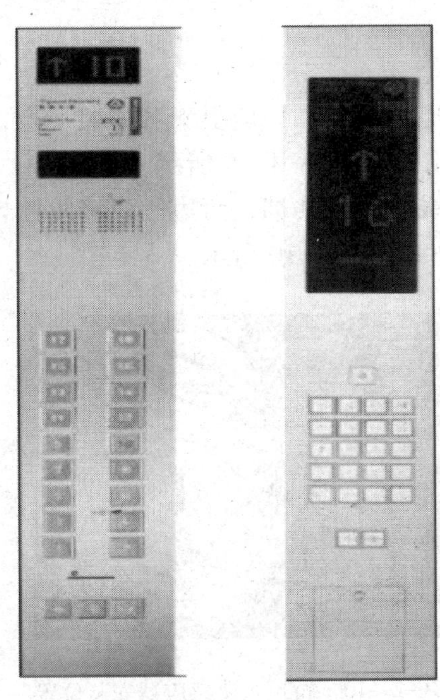

图 3—1—6　操纵盘

图 3—1—7　电梯铭牌

六、安全窗、安全门

除杂物梯和门外操作的货梯外，轿顶一般开有安全窗，供救援和撤离乘客使用，并设有电气开关，当窗被打开时，电梯控制线路便被切断。轿厢安全窗应能不用钥匙从轿厢外开启，轿厢安全窗不应向轿内开启。

当两台或两台以上的电梯安装在同一井道时，在两轿厢相对的一面有时也开有供紧急出入的安全门，轿厢安全门应能不用钥匙从轿厢外开启，轿厢安全门不应向轿厢外开启，并装有电气开关，门开启时切断控制电路。当其中一台电梯发生故障不能运行时，邻近的电梯就能通过安全门接走被困乘客。轿厢安全门不应设置在对重（或平衡重）运行的路径上，或设置在妨碍乘客从一个轿厢通往另一个轿厢的固定障碍物（分隔轿厢的横梁除外）的前面。

七、轿厢地坎

每一轿厢地坎上均须装设护脚板，其宽度应等于相应层站入口的整个净宽度。护脚板的垂直部分以下应成斜面向下延伸，斜面与水平面的夹角应大于 60°，该斜面在水平面上的投影深度不得小于 20 mm。护脚板垂直部分的高度不应小于 0.75 m，如图 3—1—8 所示。

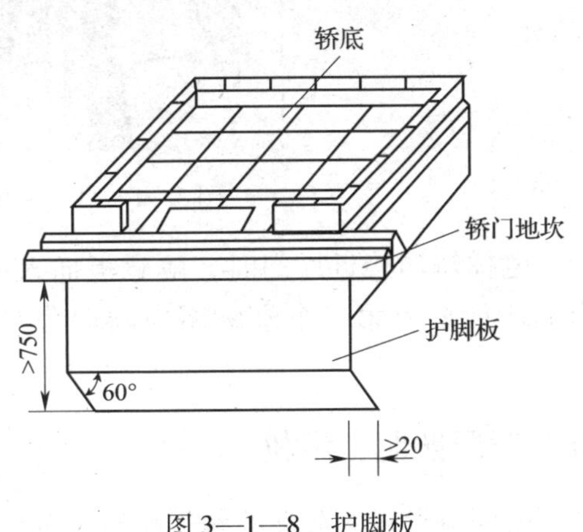

图 3—1—8　护脚板

八、轿厢自动平层装置

轿顶安装有自动平层装置，为永磁感应器或光电感应器，一般上下各安装一个，分别称为上平层感应器和下平层感应器。永磁感应器的结构如图 3—1—9 所示。

永磁感应器上一般有三个接线柱，中间黑色接线柱为公共端，两边红色接线柱各为一个常开端、一个常闭端。轿顶永磁感应器安装位置如图 3—1—10 所示。

图 3—1—9　永磁感应器的结构

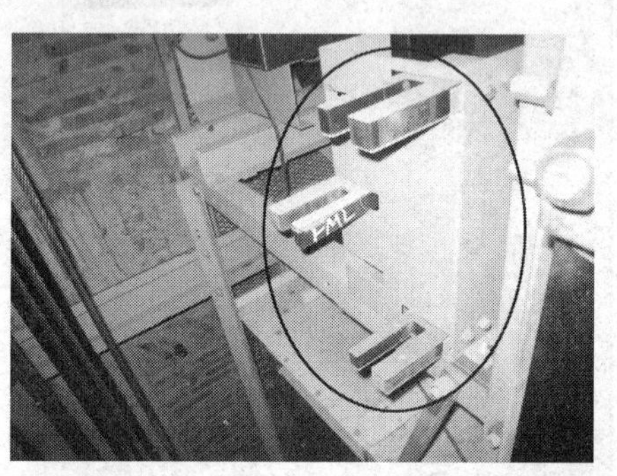

图 3—1—10　轿顶永磁感应器安装位置

永磁感应器由 U 形永磁钢、干簧管、接线柱和外壳组成，U 形永磁钢产生的磁场作用于干簧管使其常闭点断开。如果在 U 形永磁钢中间插入隔磁板，干簧管失去磁场的作用常闭点重新闭合。因此隔磁板的插入和离开就使干簧管的常闭点起到了开关的作用。电梯井道内，每个楼层都安装有隔磁板，如图 3—1—11 所示。

图 3—1—11　电梯井道内各楼层安装的隔磁板

电梯轿厢接近厅门时，隔磁板插入第一个永磁感应器产生动作信号使轿厢开始减速，当隔磁板插入第二个永磁感应器时发出停车信号，轿厢停止运行，达到自动平层的目的。

九、轿厢照明、风机

轿厢应设置永久性的电气照明装置，控制装置上的照度宜不小于 50 lx，轿厢地板上的

照度宜不小于50 lx。如果照明是白炽灯，至少要有两只并联的灯泡。使用中的电梯，轿厢应有连续照明。对动力驱动的自动门，当轿厢停在层站上自动关闭时，则可关断照明。轿厢照明电源应与电梯驱动主机电源分开，可通过另外的电路或通过与主开关供电侧相连，从而获得照明电源。

轿厢顶部设有通风装置，主要分为轴流式风机和贯流式风机两种。轴流式风机具有流量大、全压低、流体沿叶片做轴向运动的特点，并且结构紧凑、重量轻，主要应用于货梯；贯流式风机风量较小，但噪声低，并且风口呈矩形，方便在轿厢内布置，主要应用于客梯。风机电源应与电梯驱动主机电源分开，可通过另外的电路或通过与主开关供电侧相连，从而获得风机电源。

第二节　电梯门系统

一、轿门系统

客梯轿厢一般只设有一个出入口，货梯为了进、出货方便根据需要设计成两个出口，即前后两个门（或称贯通门）。轿门一般应是封闭门，可分为中分，双折中分，偏开门、双折旁开门（人站在轿厢外，面向轿门，门向左开为左开门，门向右开为右开门）等。

轿门系统由轿门头、门吊板、轿门、安全触板（或光幕）等部件构成，如图3—2—1所示。轿门头由3 mm钢板压制，固定在轿厢顶前部，上面装有导轨，轿门就在此导轨的支撑与导向下运行。轿门吊板起悬吊轿门的作用。

在门吊板的上面装有两组悬吊滚轮，支撑在导轨上，在悬吊滚轮的带动下，轿门沿导轨作滑动运行。在悬吊滚轮的下方，由两组装有偏心轴的锁紧滚轮，它卡在导轨的下侧，可通过调整偏心轴来调整锁紧滚轮同导轨下侧的间隙，以防止门吊板从导轨上脱落。

普通钢轿门由1.5 mm冷轧钢板压弯成形，背后加焊横筋组成。也可根据用户及轿厢装潢要求，在普通钢轿门上粘0.7 mm厚发纹不锈钢或镜面不锈钢板。轿门也可以直接用1.5 mm的不锈钢制成。

门安全触板是安装在轿门上的安全部件。在中分门电梯的轿门上，可根据用户的要求安装双安全触板或单安全触板。安装调整好的安全触板外边，总是探出门边26 mm。在轿门关闭时，若触板碰到乘客或物品，触板的开关闭合，给开门机信号，使轿门重新打开，从而起到安全保护的作用。现代电梯大多用光幕代替安全触板起保护作用。

1. 轿门门机

轿门的关闭、开启的动力源是门电动机，通过传动机构驱动轿门运动，再由轿门带动层门一起运动。根据电梯的使用要求可以选择适当的传动系统，例如OTIS的MRDS门机采

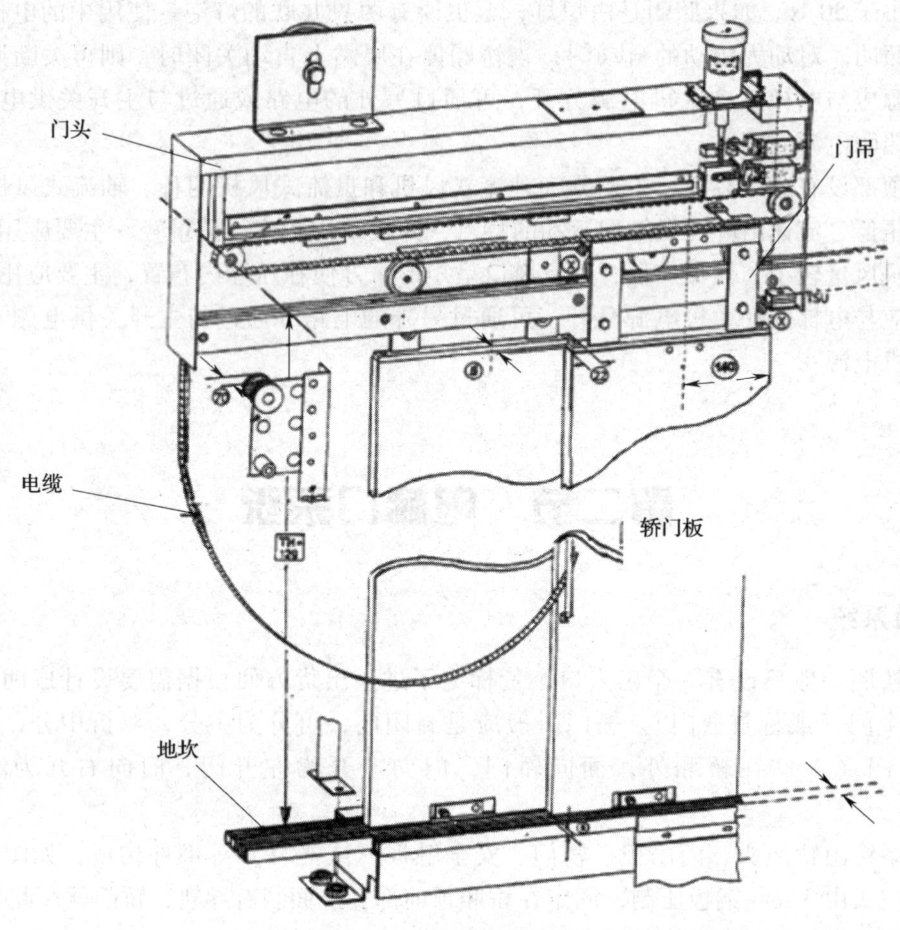

图 3—2—1　轿门系统

用齿轮传动，而蒂森的 F5 门机采用的是齿带传动等。门机一般设在轿厢顶部，根据开关门方式，门机可设在轿顶前沿中央或旁侧。门机的种类有直流电机、交流电机，调速方式有调压调速、变频调速等。下面以直流门机为例介绍其原理。

轿门驱动由直流电动机执行。直流电动机是将直流电能转换为机械能的电动机，是根据通电导体在磁场内受力而运动的原理制成的，如图 3—2—2 所示。

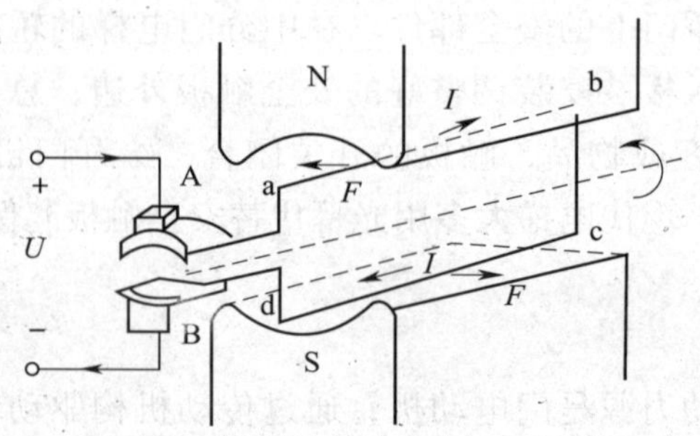

图 3—2—2　直流电动机原理

电刷 A、B 两端加直流电压，线圈 abcd 中就有电流通过。A 端接正极，B 端接负极，上图状态下，电流方向为 a－b－c－d，根据左手定则可判断 ab 导线受力方向向左，cd 导线受力方向向右，使整个线圈产生逆时针转动；线圈转动时，带动与线圈相连的两个换向器一起转动，ab 导线与 cd 导线互换位置时，电流方向为 d－c－b－a，线圈仍然为逆时针转动。这样，线圈就能对外不断输出逆时针转矩，带动负载旋转，实现电能转换为机械能。如果 A 端接负极，B 端接正极，则线圈转向为顺时针，带动负载顺时针转动。

直流电动机特点：

（1）调速性能好，可以在重负载条件下，实现均匀、平滑的无级调速，而且调速范围较宽。

（2）启动力矩大，可以均匀而经济地实现转速调节。

轿厢门机就是通过改变 A、B 两端的电压方向，实现电机的正转、反转，带动轿门开关。

2. 自动开门装置

在轿厢平层后，轿顶自动门机得电运转，通过减速机构和开门机构带动轿门和厅门开关。自动门机一般采用直流 110 V 永磁直流电动机。为了使轿门开闭迅速又不产生撞击，一般采用一级减速，即以较快的速度开门，然后在最后阶段减慢速度直到开启完毕；关门采用两级减速，经过一级减速和二级减速直到全部关闭。一般，关门速度低于开门速度。

3. 轿门的安全技术要求

（1）轿门应是无孔的。

（2）除必要的间隙外，轿门关闭时应将轿厢入口完全封闭。

（3）轿门关闭后，门扇之间及门扇与门柱、门楣和地坎之间的间隙应尽可能小。对于乘客电梯，此间隙不得大于 6 mm。对于载货电梯，此间隙不得大于 8 mm。

（4）处于关闭位置的轿门，应具有足够的机械强度，用 300 N 的力，沿轿厢内向轿厢外方向垂直作用在任何一个门扇的任何位置，且均匀地分布在 5 cm^2 的圆形或方形面积上时，轿门应能：无永久变形；弹性变形不大于 15 mm；经此试验后，应能动作良好。

（5）阻止关门所需要的力，不得大于 150 N。这个力的测量不得在开始关门行程的 1/3 以内进行。每个轿门都要提供一个专用的关门验证装置。

（6）为保证当电梯停在靠近层站的地方时，乘客能离开轿厢，在轿厢停住并切断开门机（如果有的话）电源的情况下，应有可能：从层站处用手开启或部分开启轿门；如层门与轿门联动，从轿厢内用手开启或部分开启轿门以及与它相连接的层门，且开门所需的力不得大于 300 N。

（7）额定速度大于 1 m/s 的电梯在其运动时，开启轿门的力应大于 50 N。

二、层门系统

电梯层门是乘客在使用电梯时首先看到或接触到的电梯部分，是电梯很重要的一个安全设施，根据不完全统计，电梯发生的人身伤亡事故约有70%是由于层门的质量及使用不当等引起的，因此，层门的开闭与锁紧是电梯使用者安全的首要条件。

层门是设置在层站入口的封闭门，也叫厅门，是由轿门带动的，层门上装有电气，机械联锁装置的门锁，只有轿门开启才能带动层门的开启，所以轿门称为主动门，层门为被动门。

层门系统由门框、门板、门扇、门头架、吊门滚轮、层门地坎和门联锁装置等组成。门框又由门楣（门导轨或门上坎）、左右门立柱组成，如图3—2—3所示。不管电梯运行与否，除了电梯轿厢所在层外，其余所有层门都必须是封闭门。层门按其开关门方向也可分为中分式、旁开式和直分式三种。

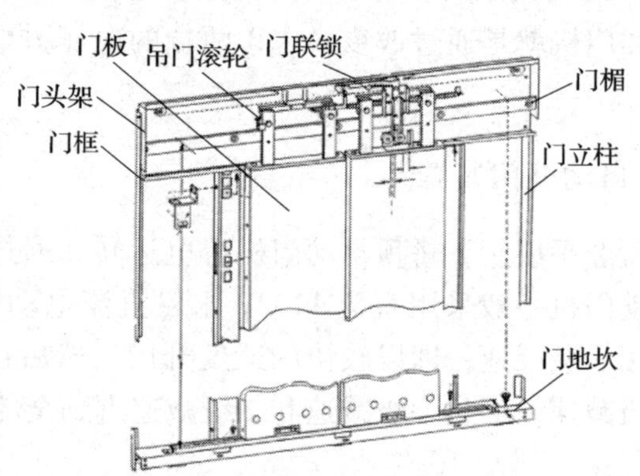

图3—2—3　层门

1. 门扇

电梯的门扇有封闭式，空格式及非全高式之分。

封闭式门扇一般用1～1.5 mm厚的钢板制造，中间辅以加强筋。有时为了加强门扇的隔音效果和提高减震作用，在门扇的背面涂设一层阻尼材料，如油灰等。

空格式门扇一般指交栅式门，具有通气透气的特点，但为了安全，空格不能过大，我国规定栅间距离不得大于100 mm。这种门扇出于安全性能考虑，只能用于货梯。

非全高式门扇，其高度低于门口高，常见于汽车梯和货物不会有倒塌危险的专门用途货梯。

2. 门滑轮与门导轨

层门和轿门的顶部装有滑轮，门扇通过滑轮挂在门导轨架上。轿门的导轨架装在轿厢上，层门的导轨架装在层门门框内侧上，如图3—2—4所示。

如果挂轮轴过于松动、发出异常的响声、动作不灵活，门挂轮表面磨损、剥落、损坏则需要更换门挂板。如果门导轨磨损超过0.3 mm时则需要更换门导轨。

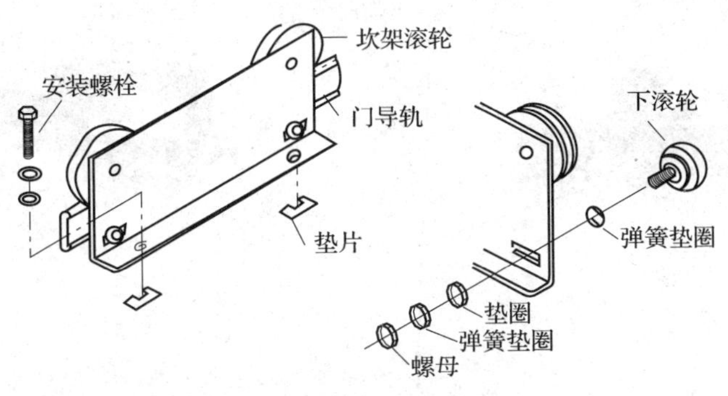

图 3—2—4　厅、轿门滑轮与门导轨

3. 门滑块与地坎

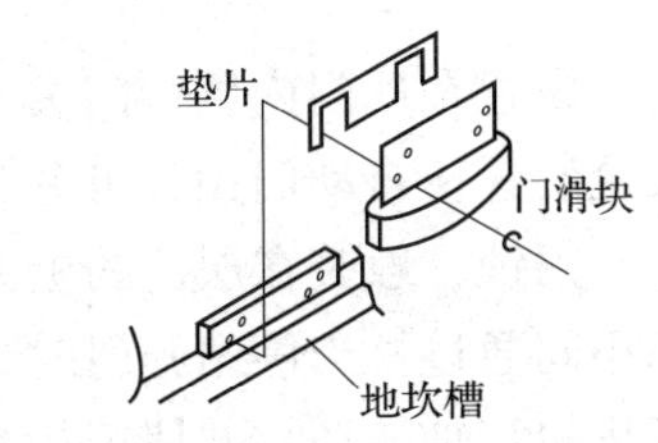

图 3—2—5　厅、轿门滑块

在层门、轿门的下部都装有尼龙导向滑块，滑块嵌入地坎槽中，开关门时，滑块沿着槽滑动，配合门滑轮，起导向作用，如图 3—2—5 所示。

保持门滑块、地坎槽的表面及滑槽的清洁，否则门将不能顺畅、正常地开关。

4. 钢丝绳联动机构

采用钢丝绳联动机构时，主动门与钢丝绳连接，钢丝绳的两头均固定在导轨支架上，当主动门移动时，通过动滑轮带动从动门。采用这种结构时，门锁的电气联动只能保证一扇门的关闭，当钢丝绳打滑或断裂时，电梯在另一扇门未关闭的情况下，仍能启动运行，这是非常不安全的，容易发生剪切的安全事故。应设置门关闭确认开关，使电梯只有在门锁和关门到位开关确认完全闭合时，才能启动。

5. 层门门锁

为了保证电梯层门的可靠闭合，不能被随便打开，电梯设置了层门锁紧装置与验证门扇闭合装置，俗称门锁。当电梯在运行而并未停站时，电梯的各层层门都被门锁锁住，保证乘客不能从外面将厅门撬开。当层门关闭时，层门锁紧装置通过机械连接将层门锁紧，同时为了确认电梯层门的关闭，利用验证门扇闭合装置确定层门关闭以后，电梯才能启动，保证电梯运行时，门一定处于关闭状态。只有当电梯停站时，门锁和层门才能被安装在轿门上的开门刀片带动而开启。

（1）层门锁紧装置

层门锁紧装置俗称钩子锁（主锁或机械锁紧装置）。钩子锁多种多样，如图 3—2—6 所示。

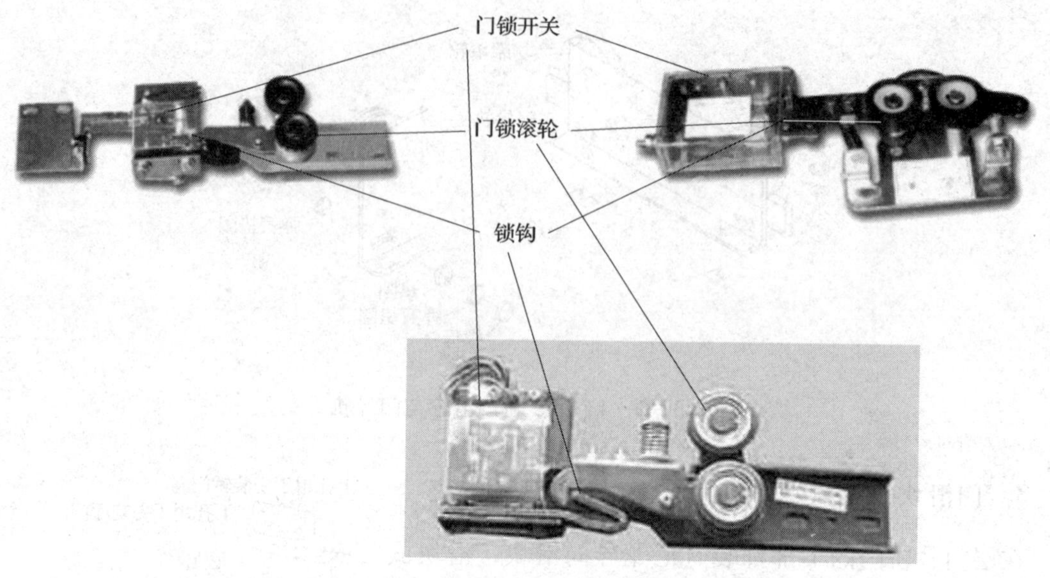

图 3—2—6 钩子锁

设置在厅门内侧，门关闭后将门锁紧，同时接通控制回路，轿厢方可运行的机电联锁安全装置。自动门锁又可分为固定式门刀自动门锁和压板式门锁两类。

门锁一般装在层门的上方，电梯运行时，安装在轿门上的“门刀”从门锁上的两只门轮中间通过。当停站开门时，门机带动轿门横向运动，轿门上的门刀随之横向移动，促使橡皮轮绕轴转动，并使锁钩打开，层门随之打开。关门时，装于轿厢外侧的门刀，被轿门带动，使门刀推动滚轮，当门接触闭合时，门刀带动整个滚轮座，恢复到关门时的位置，锁钩在弹簧力的作用下锁合，其锁紧件啮合长度应不小于 7 mm，否则为不安全。

（2）验证门扇闭合装置

验证门扇闭合的电气装置俗称副锁或电气锁，如图 3—2—7 所示。

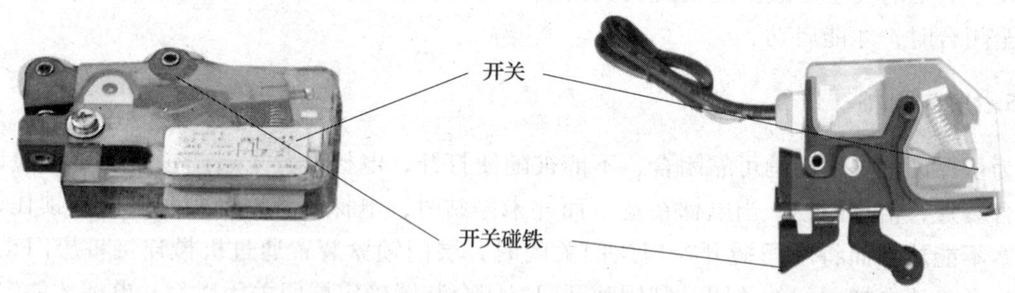

图 3—2—7 验证门扇闭合的电气装置

每个层门应设有符合安全触点的电气安全装置，以验证它的闭合位置，从而满足电梯对剪切、撞击事故的保护。

验证门扇闭合装置的作用是，当电梯门关闭到位后，电梯才能正常启动运行；运行中的电梯轿门离开闭合位置时，电梯即停止运行。这一安全装置非常重要，如果缺少这一装

置，电梯轿厢在开启状态下运行，就有可能使轿厢中的乘客或层门受到撞击或剪切而发生事故，造成人身伤害。所以，不论何种类别和型号的电梯都必须具备这一装置。当电梯的一个层门和轿门（或多扇层门和轿门中的任何一扇门）开着，在正常操作情况下，电气锁将断开，从而断开电梯控制回路中的门锁回路，使电梯不可能启动。

当电梯的层门或轿门闭合时，电气锁内的触点应闭合，当电梯的层门或轿门打开的过程中，电气锁的结构使得电气锁内的触点即使在触点熔接在一起也应能够可靠的断开。

（3）紧急开锁

每个层门均应能从层门外面借助于一个三角钥匙来开启，钥匙上应带有书面说明，详述使用三角钥匙必须采用的预防措施，以及开锁后未能有效地重新锁上可能引起的事故。

三角钥匙应只交给一个专门的电梯从业人员来进行管理，因为三角钥匙使用不当造成的事故在电梯事故中占相当的比例，在实际使用中一定要慎重。

在一次紧急开锁动作结束以后，要求紧急开锁装置恢复到原来位置（或者说不应保持开锁位置），只有再一次进行紧急开锁动作以后，门锁才能打开。

（4）门锁的安全技术要求

1）门锁的设置

①当电梯的多个层门和轿门是由机械装置直接连接的，如刚性的连杆机构连接，则在电梯上允许只锁紧其中一扇门，但是这个单独锁紧的门扇能防止其他门扇的开启；同时将规定的验证层门闭合的装置装在一个门扇上。这种情况下可以只装一个副锁。

②当门扇是由间接机械连接时（如用钢丝绳、链条或带），允许只锁住一扇门，其条件是这个单独锁住的门扇能防止其他门扇的开启，且这些门扇上均未装配手柄。未被门锁装置锁住的其他门扇的关闭位置应装设验证层门闭合的装置来证实它们的关闭位置。这种情况下每个门都必须装副锁。

2）验证锁紧元件位置的装置必须动作可靠。

3）层门锁钩，锁臂及动接点动作应灵活可靠，在电气锁闭合之前，锁紧元件的最小啮合长度至少为7 mm。（此项为电梯维护中的重要技术要求，应严格保证）

4）门锁滚轮与轿厢地坎间隙应为5 ~10 mm。

5）切断电路的触点与机械锁紧装置之间的连接应是直接的和防止误动作的，并且必要时可以调节。

6）轿厢运动前应将层门有效地锁紧在关门位置上。

7）锁紧元件及其附件应是耐冲击的，应用金属制造或加固。

8）锁紧元件的啮合应能满足在朝着开门方向的力的作用下，不降低锁住的效能。

9）在滑动门情况下，门锁应能承受一个沿开门方向，并作用在门锁高度处的最小为1 000 N的力而无永久变形。

10）应由重力、永久磁铁或弹簧来产生并保持锁紧动作。即使永久磁铁（或弹簧）不再能完成其功能，重力也不应导致开锁。

11）如锁紧元件是通过永久磁铁的作用保持其适当位置，则它应不能被一种简单的方法（如加热或冲击）使其作用失效。

12）工作部件应易于检查，例如采用一块透明板以便观察。

6. 强迫关门装置

重锤式强迫关门装置是通过安装在层门框一侧的一个重锤，带动主动门，主动门再带动从动门，从而强迫关门的一种装置。

强迫关门装置安装好后，要确认下述事项：

（1）用手上下扯动重锤时，重锤应在导向件内轻轻滑动。

（2）钢丝绳上挡铁和滑轮的间隙应为0.5～1 mm。

7. 门挂板

门挂板是用于将层门悬挂于层门之上的构件。门挂轮与门导轨的间隙为0.1～0.3 mm，如果不符合要求需调整门挂板上的偏心轮以达到要求。

门系统作为整部电梯的一个子系统，是电梯的一个重要组成部分。它是电梯的使用者进出电梯的通道，是电梯乘客使用电梯首先接触的电梯部件，它的质量好坏，能够从感官上直接影响电梯的使用者对整个电梯的质量评估。

电梯门主要有两类，滑动门和旋转门，目前普遍采用的是滑动门。旋转门在小型公寓用得较多，层门在轿厢停站后拉（推）开，当轿厢不在层站时层门锁住。这种门几乎不占用井道空间，特别适用于无轿门电梯。

滑动门按其开门方向又可分为中分式、旁开式和直分式三种。

第三节　电梯门安全保护装置

当电梯的门扇关闭时，若轿厢入口处有乘客或障碍物，电梯的门扇应能够通过机械或电子元件向电梯发出控制信号，使电梯的门扇停止关闭而重新打开，防止出现门扇夹伤人员或门机长期堵转而损坏。常见的保护装置有安全触板、光电式保护装置。

一、安全触板

安全触板由触板、联动杠杆和微动开关组成。正常情况下，触板在重力的作用下，凸出轿门30～45 mm。在轿厢门的边沿上，装有安全触板，结构如图3—3—1所示。

在门关闭的过程中，还没有完全通过轿门的人或者障碍物与安全触板接触，带动连杆旋转，连杆下端凸轮使行程开关动作，关门继电器失电开门继电器得电，门机反方向旋转带动轿门重新打开，防止夹伤乘客或物品，保证安全。

图 3—3—1　安全触板装在轿厢门的边沿上

二、光电式保护装置

传统的机械式的安全触板，属于接触式开关结构，不可避免地会出现撞击人或物的危险现象，安全性能不甚理想。随着科学技术的发展和电梯市场的需求，传统的安全触板逐渐被红外线光幕所取代。有的轿厢采用的是光幕安全保护装置，在轿门两边分别有红外线发射和接收装置，如图 3—3—2 所示。当有乘客或物品通过轿门遮挡了红外线，接收装置接收不到红外线则门就保持开门状态，防止夹伤乘客或物品，保证安全。

图 3—3—2　轿门两边分别安装红外线发射和接收装置

光幕安全可靠的优势极大地提高了电梯门的安全性，又能提高门的运行速度，在高速电梯中尤其受到欢迎。其结构如图 3—3—3 所示。

光幕运用红外线扫描探测技术，控制系统包括控制装置、发射装置、接收装置、信号电缆、电源电缆等几部分。发射装置和接收装置安装于电梯门两侧，主控装置通过传输电缆，分别对发射装置和接收装置进行数字程序控制。在关门过程中，发射管依次发射红外线光束，接收管依次打开接收光束，在轿厢门区形成由多束红外线密集交叉扫描所组成的保护光幕，不停地扫描运行，使红外线收发单元在高速扫描状态下，形成红外线光幕警戒屏障，当人和物体进入光幕屏障区内，控制系统迅速转换输出开门信号，使电梯门打开，当人和物体离开光幕警戒区域，电梯门方可正常关闭，从而达到安全保护的目的。

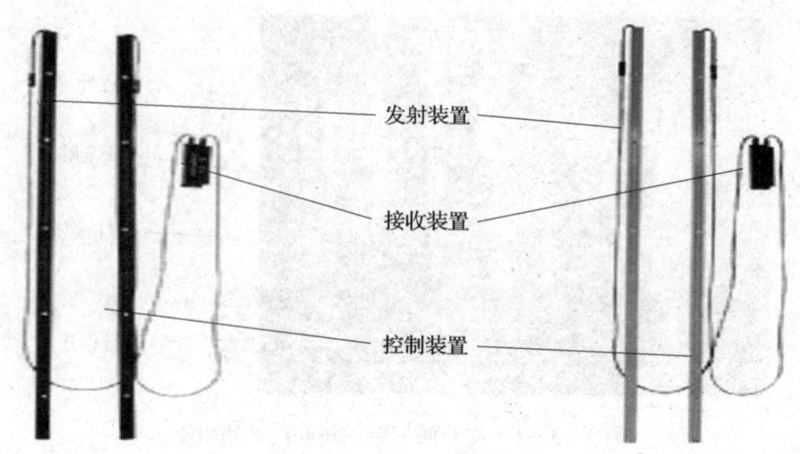

图 3—3—3 光幕

为了保证在光幕失效的情况下，层门运动保护正常工作，现在又出现了光幕和安全触板二合一的保护系统，使电梯层门运行更加安全可靠。

三、电梯门系统的其他保护

除了安全触板和光电式保护装置以外，当电梯门在关闭状态下，受到一个阻止关门的力，且这个力大于 150 N 时，电梯的门会停止或重新打开。新的电梯门系统在保护装置多次动作以后，门会自动停止，只有接收到人为的关门信号后，门系统才会恢复运行。这一装置可以保证当电梯轿门在关闭过程中，如果夹住了乘客或货物，门系统能自动停止运行，避免造成事故。

第四节 电梯对重

对重是决定电梯曳引能力的一个重要部件，如图 3—4—1 所示。它用于平衡轿厢自重和额定载重量。当电梯负载与对重十分匹配时，还可以减轻钢丝绳与绳轮之间的曳引力，延长钢丝绳的使用寿命。

对重由对重架、对重块、导靴、缓冲器撞头等组成。对重架一般用槽钢作为主体结构，其高度一般不宜超出轿厢高度。对重块可由铸铁制作或钢筋混凝土填充，为了使对重块易于装卸，每个对重块不宜超过 60 kg。对重是铸铁时，至少要用二根拉杆或其他压紧措施将对重块紧固住。

对重的重量常用下式计算：

$$P = G + QK$$

式中 P——对重总重量；

G——轿厢自重；

图 3—4—1　电梯对重

Q——轿厢额定载重；

K—平衡系数（一般取 0.4 ~0.5）。

在对重架上设置有导靴为运动中的对重提供导向，在对重的下部设置撞板，在撞击缓冲器时起缓冲作用。

当绕绳比大于 1 时，对重架上设有滑轮。此时应设有防护装置，以避免悬挂绳松弛时脱离绳槽，并能防止绳与绳槽之间进入杂物。若底坑下存在人能到达的空间时，对重装置上还应设置安全钳。

第四章　电梯井道设备

电梯井道是由井道壁、井道顶面和井道底面组成的，是供电梯轿厢和对重运行的空间，通常位于建筑物的内部，一般由混凝土、砖或钢结构构成，并具有足够的强度。井道设备包括钢丝绳、导轨、终端保护开关、缓冲器等。

第一节　钢　丝　绳

一、钢丝绳的组成

在电梯中，轿厢的曳引驱动、速度的限制、轿厢与对重的重量平衡等都是通过钢丝绳来实现的。钢丝绳与电梯的安全使用有着十分重要的关系。钢丝绳由钢丝、绳股和绳芯组成，如图 4—1—1 所示。

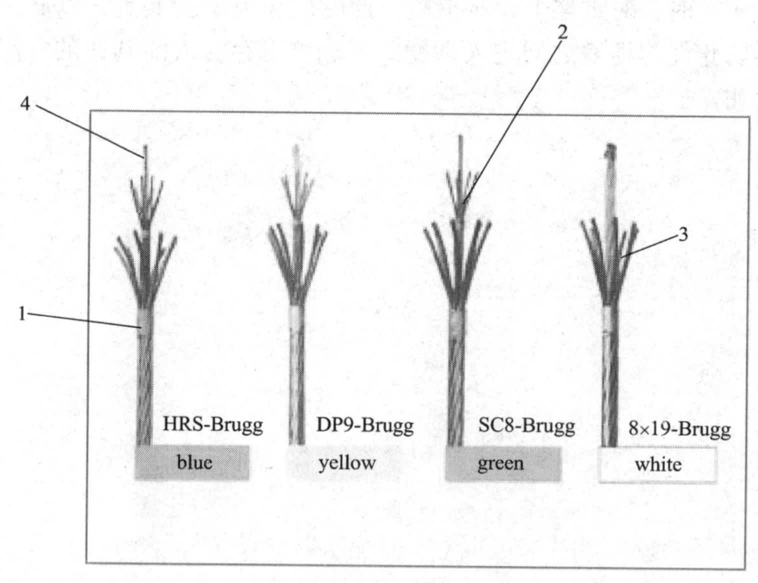

图 4—1—1　钢丝绳

1—钢丝绳　2—钢丝　3—绳　4—绳芯

1. 钢丝

钢丝是钢丝绳的基本强度单元，其强度是有规定的。我国电梯专用钢丝绳的公称抗拉强度见表 4—1—1。

表 4—1—1　　电梯专用钢丝绳的公称抗拉强度

钢丝强度级别的配置		抗拉强度级别（N/mm^2）
单一强度级别		1 570 或 1 770
双强度级别	外层钢丝	1 370
	内层钢丝	1 770

2. 绳股

相同直径与结构的钢丝绳，股数多的疲劳强度就高。电梯用钢丝绳的股数是 6 股和 8 股两种。

3. 绳芯

绳芯是被绳股所缠绕的挠性芯棒，起支撑和固定绳股的作用。绳芯分为纤维绳芯和金属绳芯两种。电梯用钢丝绳是纤维绳芯，这种绳芯能增加绳的柔软性，还能起到润滑的作用。

二、钢丝绳的标记方法及技术名词

载重量为 1 000 kg 的电梯的曳引钢丝绳常采用以下标记：

8 * 19S + NF – 13 – 1500（双）右交 – GB 8903—2005

标记中从左到右每一个数字或字母都有专门的技术含义。

- 8——绳股数目，即钢丝绳绳股数目为 8。
- 19——绳股内钢丝条数，即绳股由 19 条钢丝组成。
- S——绳股形式，指钢丝绳绳股内各层钢丝相互之间的接触状态，可分为点接触、线接触、面接触三种。对于线接触钢丝绳，按照股中钢丝的配置方式不同又可分为西鲁式、瓦林吞式、填充式三种，如图 4—1—2 所示。

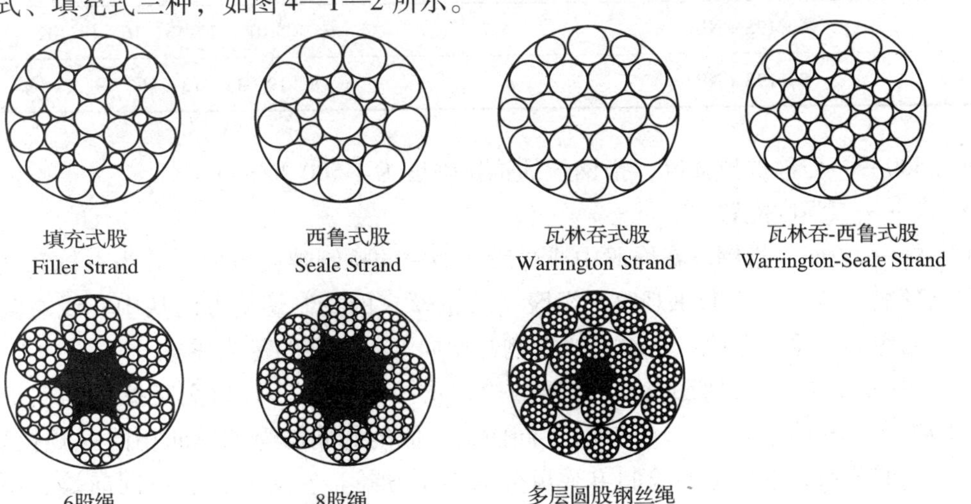

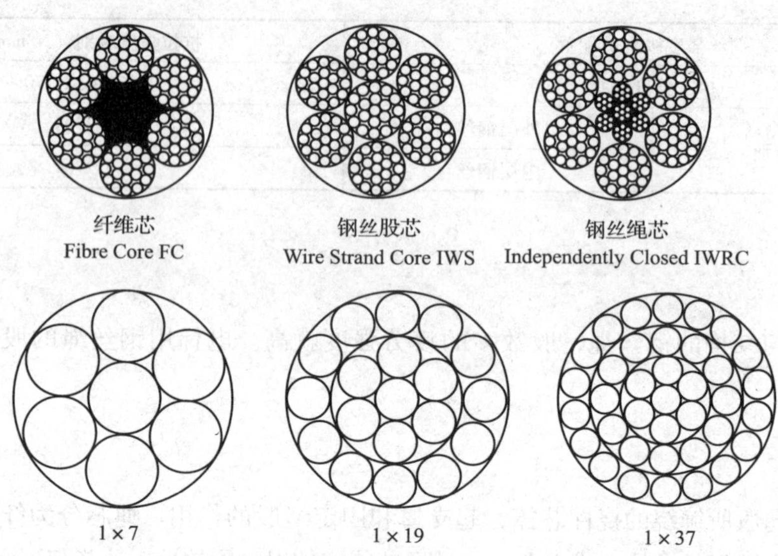

图 4—1—2　钢丝的配置方式

其中西鲁式由两层钢丝组成，内、外层钢丝根数相等，但粗细不同。外层较粗，位于内层钢丝的槽中，因此又称外粗式钢丝绳，它具有特别耐磨的优点，其标记符号为 S。标记中的 S 表示其绳股形式是线接触外粗式（其他形式参考有关标准）。

- NF——绳芯的材料，可分为金属绳芯和纤维绳芯，纤维绳芯又分为人造纤维绳芯和天然纤维绳芯。NF 表示天然纤维绳芯。
- 13——钢丝绳直径为 13 mm，其常见规格见表 4—1—2。

表 4—1—2　　钢丝绳常见规格

钢丝绳结构	公称直径（mm）
6×19S+NF	6、8、10、11、13、16、18、32
8×19S+NP	8、10、11、13、16、19、22

- 1500——公称抗拉强度，指钢丝的抗拉强度为 1 500 N/mm^2。
- 双——双强度配置。
- 右——捻向，指钢丝在绳股中或绳股在绳中的捻制螺旋方向，分为右捻和左捻。右捻：把钢丝绳（或股）立起来观察，绳股（或钢丝）的捻制螺旋方向从中心线左侧开始向上、向右的称为右捻；左捻：从中心线右侧开始向上、向左的称为左捻。
- 交——捻法，指绳股的捻向和绳的捻向的搭配方法。分为交互捻和同向捻。交互捻：股的捻向与绳的捻向相反（逆捻）；同向捻：股的捻向与绳的捻向相同（顺捻）。根据捻向、捻法的关系，钢丝绳的捻制方式可分为右交互捻、左交互捻、右同向捻、左同向捻四种。

右交互捻：绳是右捻，股是左捻；

左交互捻：绳是左捻，股是右捻；

右同向捻：绳和股的捻向均为右捻；

左同向捻：绳和股的捻向均为左捻。

标记中的“右交”即指右交互捻，这种钢丝绳构造较稳定，自转性小，不易发生松捻和扭结现象。

- GB 8903—2005——国家标准《电梯用钢丝绳》的代号。

三、电梯的曳引钢丝绳

对曳引钢丝绳的根数在国家标准《电梯制造与安装安全规范》GB 7588—2003 中规定：钢丝绳最少应有两根，每根钢丝绳应是独立的。对于用三根或三根以上钢丝绳的曳引驱动电梯，其静载安全系数不小于12；对于用两根钢丝绳的曳引驱动电梯，其静载安全系数不小于16。无论根数多少，钢丝绳的公称直径不小于8 mm。

（注：静载安全系数是指额定载荷的轿厢停靠在最低层站时，每根钢丝绳的最小破断拉力与这根钢丝绳所受的最大拉力的比值。）

四、限速器钢丝绳（又称保险绳）

在电梯正常运行时，限速器钢丝绳把轿厢的垂直运动传给限速器，使限速器转动，当轿厢超速时，限速器钢丝绳被卡住，提起轿厢安全钳迫使电梯紧急制停。因此，限速器钢丝绳要能承受住电梯紧急制停时的冲击力，其规格的选用是根据电梯运行速度确定的。限速器钢丝绳的公称直径应不小于6 mm，且限速器绳轮的节圆直径与绳的公称直径之比应不小于30。

五、补偿绳

补偿绳在高层电梯中用于平衡曳引绳的重量，对强度无特殊要求，一般采用2～8根 ϕ3 mm 或 ϕ6 mm 的钢丝绳，如图4—1—3、图4—1—4所示。

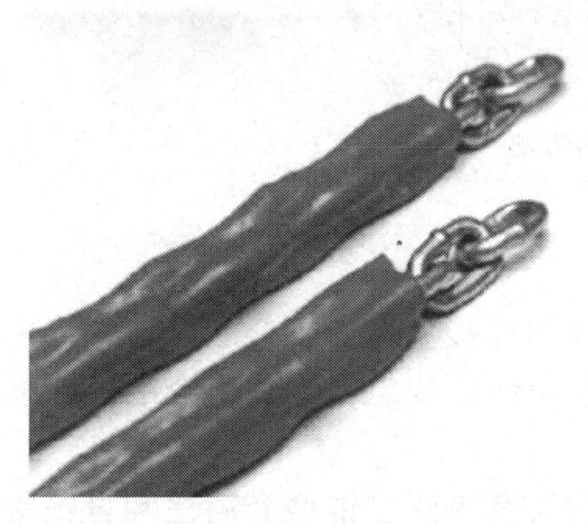

图4—1—3　包塑补偿绳

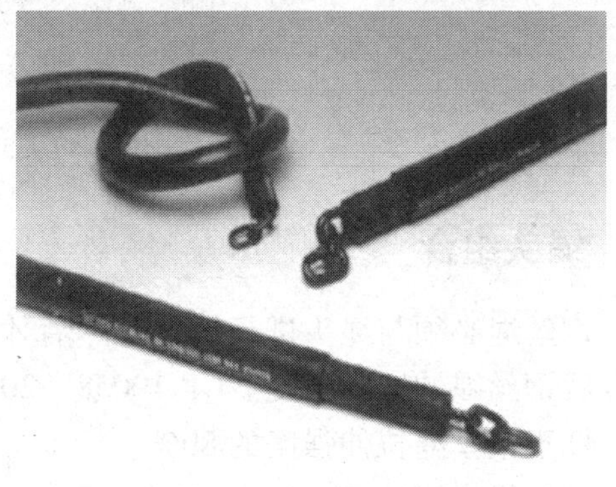

图4—1—4　橡塑补偿绳

补偿绳的安装方法如图 4—1—5 所示。

1. 安装前首先检查平衡补偿绳的外观有无损伤，能不能理直、放平，同时应消除在卷曲过程中形成的螺旋、缠绕状，防止因扭曲在运行过程中造成橡胶、塑料的龟裂或剥离。

2. 导向装置中心线与悬挂点应在同一垂直线上，防止平衡补偿绳与导向装置长期因摩擦增大产生意外的故障。

3. 导向装置安装点距离平衡绳弯曲底部的最小距离应为 1 m，防止因弯曲半径过小产生运动阻力，造成断链。

4. 安装完毕，必须静态悬挂 24 h 方可使用。

5. 应对坑道中可能存在的建筑垃圾等进行清理，防止因杂物造成卡死导向装置的现象，导致补偿绳损坏。

6. 导向装置、悬挂装置是为 WF 系列电梯平衡补偿绳而设计的，作为附件在电梯安装过程中很简便。如不使用本套装置将严重危害 WF 系列平衡补偿绳的安装，且无任何安全保障。

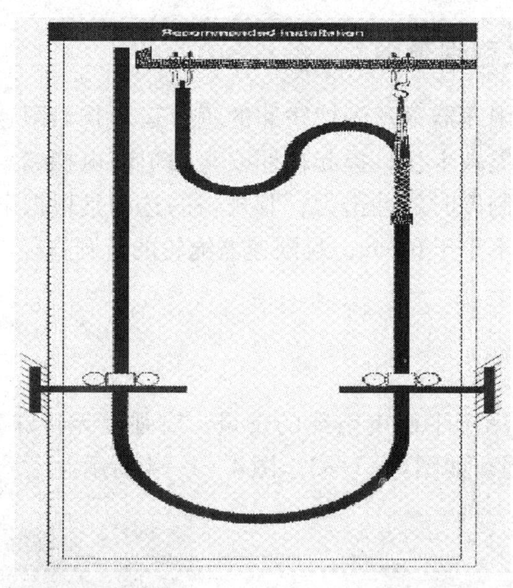

图 4—1—5　补偿绳的安装方法

六、绳头组合

钢丝绳必须与绳头进行组合，然后才能与其他部件相连接。绳头组合的好坏直接影响组合后钢丝绳的实际强度。GB 10058—2009《电梯技术条件》规定，绳头组合的拉伸强度应不低于钢丝绳拉伸强度的 80%。

钢丝绳常用的绳头组合方法有绳卡法、插接法、金属套筒法、锥型套筒法和自锁紧楔形绳套法等几种。绳头如图 4—1—6 所示。

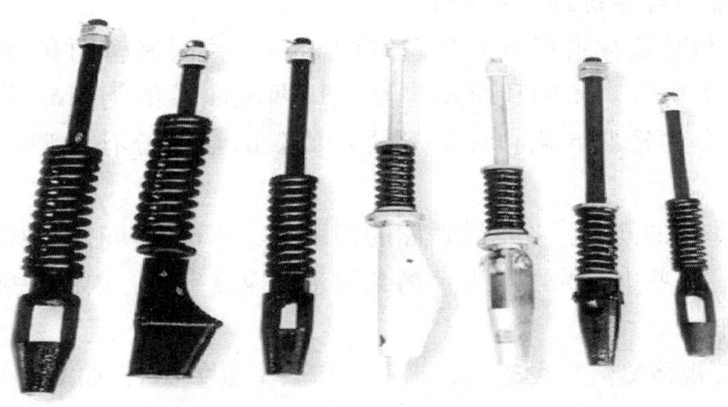

图 4—1—6　绳头

电梯中常用的是绳卡法、锥形套筒法和自锁紧楔形绳套法。

1. 绳卡法

绳卡法简单，根据绳径大小分别用 3 ~6 个绳卡将钢丝绳固定（绳卡底部应扣在钢丝绳工作段上）。绳卡法的拉伸强度为钢丝绳的 80% ~90%，卡法不妥还会降低到 50% ~75%，因此绳卡法只有在杂物梯上才有应用。

2. 锥形套筒法

钢丝绳末端穿过锥形套筒后，将绳头钢丝解散，并把各股向绳的中心弯成圆锥状，经清洗后拉入锥套内，浇灌入低熔点合金（如巴氏合金等），待冷凝后即可。此法工艺讲究，但可靠性好，只要操作得法，对钢丝绳的强度（破断拉力）几乎没有影响，因此被广泛地应用在各类电梯上。

3. 自锁紧楔形绳套法

自锁紧楔形绳套法又称楔式绳头组合，主要由绳头体、楔块、绳端固定卡、防转动销组成。楔式绳头组合的优点是使用楔块式绳头，不必用巴氏合金浇灌，使安装绳头时更方便，工艺更简单，使用更安全。

第二节　电梯导轨、导靴

一、导轨

导轨、导靴和导轨架是电梯的导向部分。导轨架作为导轨的支撑件被固定在井道壁上，导轨用导轨压板固定在导轨架上，导靴安装在轿厢和对重架两侧的上方和下方，这三个部分的组合使轿厢只能沿着导轨做上下运行。

导轨用于轿厢和对重在垂直方向运动时的导向，并限制轿厢和对重在水平方向的位移，如图 4—2—1 所示。轿厢和对重应至少用两根刚性的钢制导轨导向。导轨由钢轨和连接板构成，分为轿厢导轨和对重导轨；从截面形状分有 T 型、L 型和空心型三种形式。

导轨在起导向作用的同时，要承受轿厢的偏重力、电梯制动时的冲击力、安全钳紧急制动时的冲击力等。这些力的大小与电梯的载重量和速度有关，因此必须根据电梯的载重量和速度来选用导轨。

T 型导轨的主要规格参数是底宽 b_1、高度 h 和工作面厚度 k，如图 4—2—2 所示。

图 4—2—1　电梯导轨

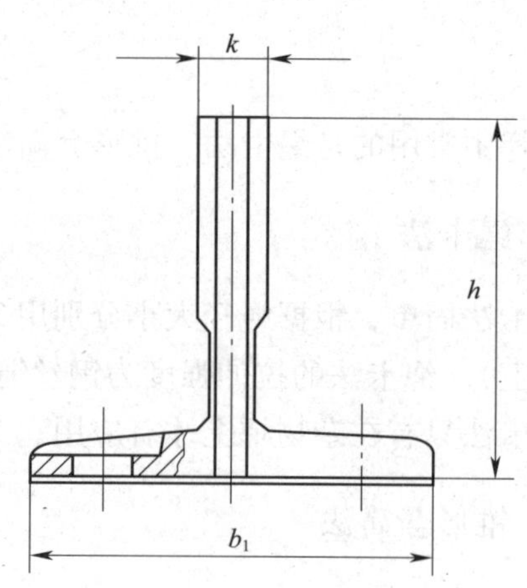

图 4—2—2　T 型导轨

L 型导轨强度、刚度以及表面精度较低，且表面粗糙，因此只能用于杂物电梯和各类不载人电梯的对重导轨。

空心导轨用薄钢板滚轧而成，精度比 L 型导轨高，有一定的刚度，多用于对重无安全钳的低速、快速电梯对重导轨。空心导轨的截面形状如图 4—2—3 所示。

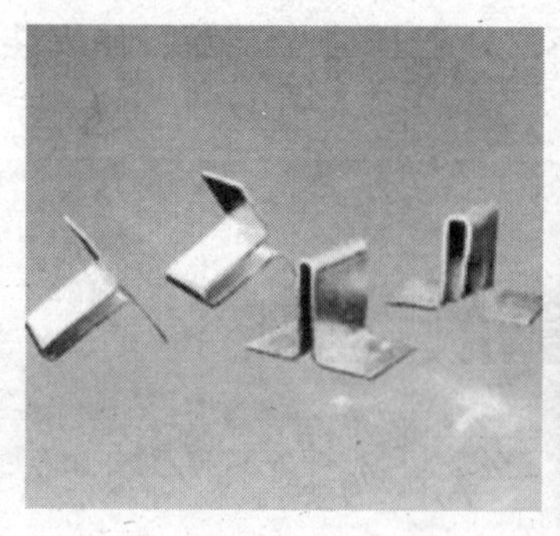

图 4—2—3　空心导轨的截面形状

目前在电梯上广泛使用的是已经标准化的T型导轨，如图4—2—4所示。

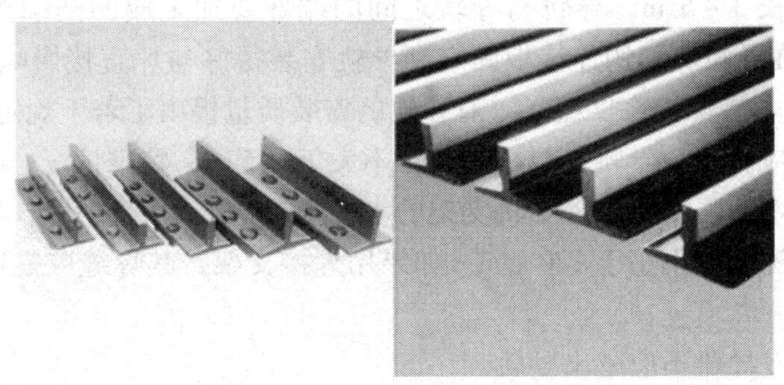

图4—2—4　T型导轨

同一部电梯经常使用两种规格的导轨。通常轿厢导轨在规格尺寸上大于对重导轨，故又称轿厢导轨为主轨，对重导轨为副轨。标准T型导轨的规格见表4—2—1。

表4—2—1　标准T型导轨的规格　mm

型号	b_1	h	k	L
T45/A	45	45	5	3 000
T50/A	50	50	5	3 000
T70—1/A	70	65	9	3 000
T70—2/A	70	70	8	3 000 ~4 000
T75—1/A（B）	75	55	9	3 000 ~4 000
T75—2/A（B）	75	62	10	3 000 ~4 000
T82/A（B）	82.5	63.25	9	3 000 ~5 000
T89/A（B）	89	62	15.88	3 000 ~5 000
T90/A（B）	90	75	16	3 000 ~5 000
T125/A（B）	125	82	16	3 000 ~5 000
T127—1/A（B）	127	88.9	15.88	3 000 ~9 000
T127—2/A（B）	127	88.9	15.88	3 000 ~9 000

导轨工作面的表面粗糙度对2 m/s以上额定梯速的电梯的运行平稳性有很大影响。导向面和顶面的表面粗糙度要求为3.2 μm≤Ra≤6.3 μm。导轨加工的纹向直接影响其工作面的表面粗糙度。所以在加工导轨工作面时，通常是沿着导轨的纵向进行刨削加工，而不采用铣削加工，且刨削后还要磨削。对于采用冷拉加工的导轨面，其表面粗糙度的要求略低于刨削加工。对于工作面表面粗糙度不作要求的导轨，只能用于杂物梯和低速梯的对重导轨。

在原建设部标准JJ 49—87《电梯导轨》中，对导轨几何形状误差做了规定，该误差主

要指导轨工作面的直线度和扭曲情况，因为这两项指标直接影响电梯的正常运行。

每根 T 型导轨长 3 ~ 5 m，导轨与导轨之间的端部要加工成凹凸插榫互相连接，如图 4—2—5 所示，并在导轨底部用连接板固定。导轨安装得好与坏直接影响电梯的运行质量，GB 10060—1993《电梯安装验收规范》对导轨的安装质量提出了若干规定，其中要求：

每根导轨至少应有两个导轨支架，其间距不大于 2.5 m，特殊情况，应有措施保证导轨的安装满足规定的弯曲强度要求。导轨支架的水平度误差不大于 1.5%，导轨支架的地脚螺栓或支架直接埋入深度应不小于 120 mm。如果用焊接支架，其焊缝应是连续的，并应双面焊牢。

当电梯冲顶时，导靴不应越出导轨。

每列导轨工作面（包括侧面与顶面）对安装基准线每 5 m 的偏差均应不大于下列数值：轿厢导轨和设有安全钳的对重导轨为 0.6 mm；不设安全钳的对重导轨为 1.0 mm。

在有安装基准线时，每列导轨应相对基准线整列检测，取最大偏差值。电梯安装完成后检验导轨时，可对每 5 m 铅垂线分段连续检测（至少测 3 次），取测量值的相对最大偏差应不大于上述规定值的 2 倍。

轿厢导轨和设有安全钳的对重导轨工作面接头处不应有连续缝隙，且局部缝隙不大于 0.5 mm。导轨接头处台阶用直线度为 0.01 mm/300 mm 的平直尺或其他工具测量，误差应不大于 0.5 mm，如超过应修平，修光长度为 150 mm 以上。不设安全钳的对重导轨接头处缝隙不得大于 1 mm，导轨工作面接头处台阶应不大于 0.15 mm，如超差也应校正。

两列导轨顶面间的距离偏差：轿厢导轨为 +20 mm，对重导轨为 +30 mm。

导轨应用压板固定在导轨架上，不应采用焊接或螺栓直接连接，如图 4—2—6 所示。

图 4—2—5　凹凸插榫

图 4—2—6　导轨压板

二、导轨与导轨的连接

每根导轨的长度一般为 4 ~ 5 m，在安装时端部以榫头与榫槽配合定位，底部用连接板固定，榫头与榫槽具有很高的加工精度，起连接定位作用，接头处的强度由连接板和连接螺栓保证。连接后接头处不应存在连续缝隙，并且接头处应平滑，必要时进行修光，如图

4—2—7 所示。

三、导轨架

导轨通过导轨架与井道壁连接。轿厢导轨架通常是可调的，以方便调整两根导轨之间的距离，如图 4—2—8 所示。导轨的承载能力与导轨架配置间距有关系。当导轨架配置间距较小时，同一规格的导轨可获得较大的承载能力。导轨架的配置间距通常为 2. 5 m，根据实际情况缩小，其要求是导轨在工作中的挠度不应超过允许挠度。导轨的最大允许挠度为 6. 3 mm。

图 4—2—7　导轨与导轨的连接

图 4—2—8　导轨架

四、导轨压板

导轨架与导轨的连接通过压板，如图 4—2—9 所示。压板有浮动型和模锻型，浮动型压板可减少由于导轨应力产生的导轨变形，导轨的应力来自于导轨的热胀冷缩和不可避免的建筑物下沉。当导轨应力克服了压板摩擦力后，导轨可以沿纵向伸缩，减少了导轨的受力变形，增加了电梯的安装质量。模锻型压板主要用于固定隔光板的支架、极限开关的支架等，使这些支架不致产生移位。

图 4—2—9　导轨压板

五、导靴

导靴是为了防止轿厢在曳引绳上的扭转和不对称负载下的偏斜，使电梯的轿厢、对重沿着导轨上下移动的导向装置，如图 4—2—10 所示。当轿厢与对重的悬挂中心不变时，导靴几乎不受力。由于载荷的移动总是使轿厢中心发生变化，由此产生的力就反映在导靴上，使导靴靴衬随着电梯上下运行而磨损。

每台电梯的轿厢共安装四套沿导轨滑动或滚动的导靴，安装在轿厢轿架的四个角与导轨接触处，两套上导靴固定在轿厢上梁上，两套下导靴固定在安全钳钳座上。每台电梯的对重侧安装四套导靴，安装在上、下横梁两侧端部。

电梯导靴基本上分为三大类。

1. 固定式滑动导靴

常用于低速载货电梯上。固定式滑动导靴只能用在电梯运行速度 $V \leqslant 0.63$ m/s 的电梯轿厢或对重上，如图 4—2—11 所示。此类导靴的靴头是固定死的，没有调节的余地。因此，导靴与导轨之间存在一定的间隙，随着运行时间的增长，间隙会越来越大，电梯运行中会出现晃动。保养时常常需要用黄油润滑导轨。

图 4—2—10 导靴

图 4—2—11 固定式滑动导靴

2. 弹性滑动导靴

弹性滑动导靴由靴座、靴头、靴衬、靴轴、压缩弹簧、调节组件组成，要求其靴衬以适当的压力与导轨表面接触（压力可调整到基本上浮动状态为宜）。这类导靴必须在其上部带机油油杯，在电梯运行时机油通过导油毛毡不断润滑导轨。弹性导靴的靴头只能在弹簧的压缩方向上做轴向移动。它与固定式滑动导靴不同的是靴头是浮动的。靴衬的底部始终紧贴在导轨的工作面上，吸收电梯运行中产生的振动与冲击。为了补偿导轨侧工作面的直线偏差，导靴与导轨工作面之间要留有一定的间隙。这种导靴应用在 $V \leqslant 1.75$ m/s 的电梯上。图 4—2—12 所示是弹性滑动导靴的一种。

3. 滚轮式导靴

滚轮式导靴如图 4—2—13 所示，它是由滚轮、弹簧、靴座、摇臂组成。滚轮式导靴以滚轮代替了滑动导靴的三个工作面，三个滚轮在弹簧力的作用下，紧贴在导轨的三个工作面上，如图 4—2—13 所示。导靴三个滚轮浮动地压住导轨三个工作面，可消除电梯运行时产生的振动和噪声，当电梯运行时，滚轮在导轨上滚动，大大减小了运行的摩擦力，使电梯运行平稳、舒适、噪声小、节约能源。在导轨上的压力与弹性导靴相同，并通过调节弹簧力对滚轮的压缩量进行调节。

图 4—2—12　弹性滑动导靴

图 4—2—13　滚轮式导靴

滚轮式导靴绝对不允许在导轨的工作面上加润滑油，否则，会使滚轮打滑，无法运转。因此，滚轮式导靴的另一个优点是不用给导轨加油，无污染。

滚轮式导靴常用在电梯速度 $V>2.0$ m/s 的高速电梯上。

为了降低运行噪声、减小摩擦力，尽量可以采用直径大一点的滚轮。如电梯速度为 5 m/s 时，轿厢侧的导靴滚轮直径至少为 250 mm，对重侧的导靴滚轮直径至少为 150 mm；当电梯速度为 2.5 m/s 时，轿厢导靴滚轮为 150 mm，对重导靴滚轮为 75 mm。

第三节　电梯终端保护开关

电梯终端保护开关包括强迫减速开关、终端限位开关和终端极限开关，其作用是防止由于电梯控制系统失灵，轿厢超越电梯的端站行驶而发生冲顶或蹲底的事故。强迫减速开关、终端限位开关和终端极限开关分别是防止电梯冲顶或蹲底的第一、二和三道防线。开关如图 4—3—1 所示。

图 4—3—1　电梯终端保护开关

终端保护开关的原理：

强迫减速开关是电梯失控、有可能造成冲顶或蹲底时的第一道防线。强迫减速开关一般安装在井道的顶部和底部。当电梯失控，轿厢已到顶层或底层，却不能减速停车时，与强迫减速开关的碰轮相接触，使开关的常开或常闭触点动作，从而使电梯由高速运行状态转为减速停驶状态。不同速度的电梯，强迫减速开关的位置和数量也不同。

若电梯碰到强迫减速开关后仍未能停止而继续运行，则轿厢上的碰板（撞弓）会与终端限位开关的碰轮相接触，使终端限位开关动作，断开电梯的驱动主机的一个方向上的电源，令电梯停止。上终端限位开关断开上方向主回路，下终端限位开关断开下方向主回路。终端限位开关动作以后，电梯的控制系统仍然能正常工作，能够反方向运行。

若强迫减速开关和终端限位开关均失效，电梯不能及时停止，则轿厢上的碰板（撞弓）会与终端极限开关相接触，断开电梯的相应电路令电梯停止。终端极限开关有两种：一种是机械式极限开关，它发生动作后会断开电梯的主电源，令整个电梯停电；另一种是安装在井道中的电气式终端极限开关，它动作后会断开电梯的安全回路，断开电梯的控制系统电源。由于机械式的终端极限开关结构复杂，维修和调整不方便，因此已经被电气式终端极限开关所代替。终端限位保护装置动作后，应由专职的维修保养人员检查，排除故障后，方能投入运行。

极限开关应设置在尽可能接近端站时起作用而无误动作危险的位置上。极限开关应在轿厢或对重（如果有的话）接触缓冲器之前起作用，并在缓冲器被压缩期间保持其动作状态。

一、强迫减速开关

强迫减速开关安装在电梯井道内顶层和底层附近。当电梯在正常减速点未减速时，安装在轿厢上的上、下开关撞板将使强迫减速开关动作，强迫电梯减速。

二、终端限位开关

终端限位开关安装在强迫减速开关的后面，减速开关一旦失灵，电梯未能减速停车而越过上、下端站平层位置时，限位开关动作，迫使电梯停止运行。限位开关动作后，如轿厢有层楼召唤，电梯仍能运行。

三、终端极限开关

为了防止电梯轿厢到达顶层或底层后无法正常停止而产生的“冲顶”“蹲底”，井道中需设置强迫减速开关、限位开关和极限开关，在电气控制上加以保护。终端极限开关是电梯安全保护装置中最后一道电气安全保护装置。图 4—3—2 所示为下极限开关示意图。实际开关如图 4—3—3 所示。

极限开关有机械式和电气式两种。机械式常用于载货电梯，由于结构复杂，已逐步淘汰；电气式常用于载客电梯中，现应用较多。

1. 机械式极限开关

此种开关仅用于低速载货电梯。它的电气开关部分被装在机房内与电源总开关串联连接，控制着电梯的总供电电源。机械控制部分被安装在电梯井道内，当轿厢运行到井道上或下端站极限工作位置时，由于上、下端站强迫减速开关、限位开关相继失效而使电梯超过平层位置 50 ~ 200 mm 时，轿厢开关撞板就与井道内极限开关机械部分的上或下碰轮碰

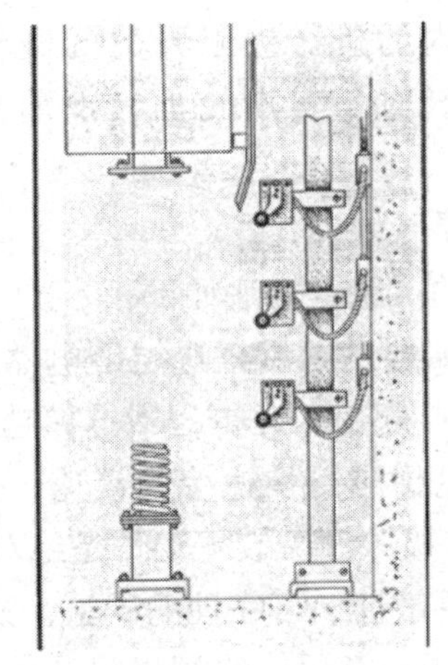

图 4—3—2 下极限开关位置示意图

图 4—3—3 终端极限开关

撞，并通过撞板及极限钢丝绳拉动安装在机房的极限开关，切断电梯总供电电源，从而使轿厢停止运行。

由于该开关是非自动复位开关，因此每次动作后，需由维修人员查明动作原因，排除故障后，到机房才能手动使其复位。

2. 电气式极限开关

这种开关一般采用电气行程开关，安装在井道上、下限位开关后面的极限位置。当电梯运行快到行程的极限时，在强迫减速开关和限位开关均未起作用的情况下，撞板使此极限开关动作，切断电梯控制回路电源，迫使电梯抱闸停车。

该开关动作后电梯不能再启动，经查明原因排除故障后在机房将此开关短接，慢车离开此位置之后才能使电梯恢复运行。这种开关通常用于快速和高速电梯中。极限开关必须在轿厢或对重未触及缓冲器之前动作。

四、终端保护开关的维护

1. 定期对以下项目进行检查

（1）强迫减速开关、终端限位开关和装于井道内的终端极限开关的固定是否牢靠，有无松动移位，是否灵敏。

（2）强迫减速开关、终端限位开关、终端极限开关安装在井道的碰轮是否灵活可靠。同时对轿厢外侧的开关碰板（撞弓）的垂直情况，有无扭曲变形；碰轮沿碰板全程移动时，轮边不应有卡阻。

（3）强迫减速开关、终端限位开关、终端极限开关的电气接线及元器件是否正常无损，有无脱落。要使每个开关的接点组具有足够大的接触压力，清除各接点表面的氧化物，修复被电弧造成的烧蚀，确保开关能可靠接通和断开电路。

（4）对机械式的终端极限开关，在装于机房内的机械极限开关的碰轮与钢丝绳连接是否牢固，上下碰轮架是否牢固，每月对碰轮转轴、各滑轮加一次油，保证其转动灵活。

（5）终端限位保护装置中的需要上油的零部件是否缺油。

（6）定期对强迫减速开关进行灵敏性、可靠性的试验，方法如下：

以人为地制造越端层故障（即把上端层站与下端层站的层楼选层继电器或有关接点断开，造成在该层不停车），使电梯在各端层之前隔两层起快车运行，当电梯越过端层，而碰及强迫减速开关碰轮时（轿厢上或下开关碰板），电梯应由快速变为慢速，并且很快停下来。注意的是，在试验强迫减速开关之前，必须确保极限开关装置动作是绝对可靠的。

（7）定期对终端限位开关、终端极限开关进行灵敏性、可靠性的试验，方法如下：

1）轿厢以低速运行，用手分别扳动上、下终端限位开关、终端极限开关，这时电梯应停止运行。

2）轿厢以低速运行，使轿厢上的碰板逐渐触动终端限位开关轮柄，使终端限位开关断路，电梯停止运行。

3）试验终端极限开关时，应先将终端限位开关线路短接，这样轿厢运行时可越过终端限位开关，碰板直接与极限开关轮柄接触，使极限开关断路，电梯停止运行。

4）对于装在机房内的机械式终端极限开关，应以慢速运行，使轿厢外侧的碰板逐渐接触装于井道内的极限开关上下碰板，碰轮通过钢丝绳牵动机械极限开关，切断电梯电源。

以上试验时，要求各传动部位灵活、动作可靠，电气器件动作准确。极限开关应在轿厢或对重接触缓冲器之前动作。

2. 对终端保护装置进行试验和检查时的注意事项

（1）注意检查（试验）程序和方法。要求先检查终端极限开关，再检查终端限位开关，最后再检查强迫减速开关。

（2）若在检查（试验）中，已发现极限开关失灵，那么就不能去试验这个方向终端的其他两个开关了。这时尤其对强迫减速开关，绝对不允许去试验，否则会造成冲顶或蹲底事故。

3. 做好以下项目的维护、保养

（1）对于终端限位保护装置，需上油的部位应定期注油，以利润滑。

（2）当轿厢开关碰板发生扭曲变形，不能很好地碰及各终端限位安全保护开关时应及时调整或更换。

（3）当发生终端超越安全保护装置动作（不论哪一终端），应立即查明原因，排除故障，并把经过、处理方法记入维修记录本内，经有关负责人同意后方可再投入运行。在以后运行中要严密监视有无再发生终端超越安全保护装置动作。若间隔不久，又发生这类现象，应立即停止电梯使用，直到问题真正解决。

第四节　电梯底坑主要设备

底坑在井道的底部，是电梯最低层站下面的环绕部分，底坑里有导轨底座、轿厢缓冲器、对重缓冲器、限速器张紧装置、补偿绳轮、急停开关盒等。底坑如图4—4—1所示。

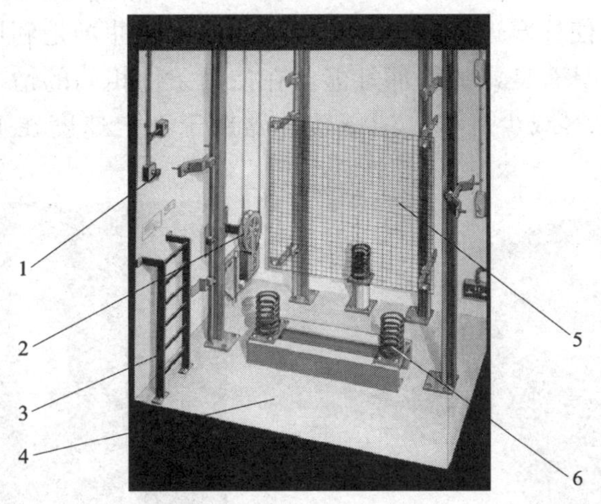

图4—4—1　电梯底坑

1—底坑急停开关　2—张紧轮　3—底坑爬梯　4—底坑　5—对重护栏　6—缓冲器

一、缓冲器的分类

缓冲器是由于某种原因，轿厢或对重超越极限位置发生蹲底时用来吸收轿厢或对重动能的制停装置。缓冲器是电梯的最后一道安全装置。缓冲器安装在井道底坑的地面上，轿厢和对重下方。对应于轿厢下方缓冲板的缓冲器称为轿厢缓冲器；对应于对重下方缓冲板的缓冲器称为对重缓冲器。同一台电梯的轿厢和对重缓冲器其结构是相同的。

缓冲器应设置在轿厢和对重的行程底部极限位置。轿厢投影部分下面缓冲器的作用点应设一个一定高度的障碍物（缓冲器支座），以便满足国家标准的要求。对缓冲器，距其作用区域的中心0.15 m范围内，有导轨和类似的固定装置，不含墙壁，则这些装置可认为是障碍物。强制驱动电梯还应在轿厢顶上设置能在行程上部极限位置起作用的缓冲器。

蓄能型缓冲器（包括线性和非线性）只能用于额定速度小于或等于1 m/s的电梯。耗能型缓冲器可用于任何额定速度的电梯。

缓冲器是安全部件，应根据国家标准的要求进行验证。

1. 弹簧缓冲器

弹簧缓冲器受到轿厢或对重的冲击时，依靠弹簧的变形来吸收轿厢或对重的动能。当电梯运行到井道下部时，因断绳或超载等各种原因，使电梯超越底层停站继续下行，但下行的速度未达到限速器动作速度，在下极限开关不起作用的情况下，将撞击设置在底坑的缓冲器。当轿厢超越最高停站继续上行，上极限开关不起作用的情况下，对重将撞击底坑中的对重缓冲器，缓冲器将吸收轿厢或对重的动能，减缓轿厢或对重对底坑的冲击。弹簧缓冲器一般用于额定速度在 1 m/s 以下的电梯。图 4—4—2 为弹簧缓冲器示意图。

2. 油压缓冲器

弹簧缓冲器的特性是制动力随着压缩行程的增大而增大，而油压缓冲器在制停期间的作用力近似常数，从而使柱塞近似做匀减速运动。油压缓冲器是利用液体流动的阻尼，缓解轿厢或对重的冲击，具有良好的缓冲性能。在使用条件相同的情况下，油压缓冲器所需的行程可以比弹簧缓冲器减少一半，油压缓冲器用于额定速度在 1 m/s 以上的电梯。图 4—4—3 为油压缓冲器。

图 4—4—2　弹簧缓冲器

图 4—4—3　油压缓冲器

缓冲器的头部由橡胶垫及封盖组成，橡胶垫中间有一个带有 T 形通气孔的紧固螺栓，将橡胶垫与封盖连接，便于向缸体内注油，并使柱塞能自动复位。而在缓冲过程中，撞击板压住橡胶垫，T 形通气孔被封住不起作用，可避免缓冲时排出的高速气流向外喷射油雾。各种油压缓冲器的构造虽有所不同，但基本原理相同。当轿厢或对重撞击缓冲器时，柱塞向下运动，压缩油缸里的油，使油通过节流孔外溢，在制停轿厢或对重过程中，其动能转化为油的热能，即消耗了电梯的动能，使电梯以一定的减速度逐渐停下来。当轿厢或对重离开缓冲器时，柱塞在复位弹簧的作用下向上复位。

3. 非线性缓冲器　（聚氨酯）

弹簧式缓冲器的使用率较高，但这种缓冲器制造、安装都比较麻烦，成本高，并且在起缓冲作用时对电梯的反弹冲击较大，对设备不利。液压式缓冲器虽然可以克服弹簧式反弹冲击的缺点，但造价太高，且液压管路易泄漏，易出故障，维修量大。因此较发达国家近年来大都采用新工艺生产聚氨酯类缓冲器，如图 4—4—4 所示。

这种缓冲器克服了两种老式缓冲器的主要缺点，而且几乎没有反弹冲击，单位体积的冲击容量大，安装非常简单，不用维修，抗老化性能优良，而且成本只有弹簧式缓冲器的二分之一，比液压式更低。

图 4—4—4　聚氨酯缓冲器

非线形缓冲器应符合下列要求：

（1）当轿厢以额定载重量并以 115% 额定速度撞击缓冲器时，平均减速度不应大于 1 g。

（2）轿厢的反弹速度不应超过 1 m/s。

（3）缓冲器动作后，应无永久变形。

二、轿厢和对重缓冲器的行程

1. 线性蓄能型缓冲器

线性蓄能型缓冲器可能的总行程应至少等于相应于 115% 额定速度的重力制停距离的两倍，即 0. 135 v^2（m）。无论如何，此行程不得小于 65 mm。缓冲器的设计应能在静载荷为轿厢质量与额定载重量之和（或对重质量）的 2. 5 ~4 倍时达到此行程。

2. 非线性蓄能型缓冲器

非线性蓄能型缓冲器应符合下列要求：

（1）当装有额定载重量的轿厢自由落体并以 115% 额定速度撞击轿厢缓冲器时，缓冲器作用期间的平均减速度不应大于 1 g。

（2）2. 5 g 以上的减速度时间不大于 0. 04 s。

（3）轿厢反弹的速度不应超过 1 m/s。

（4）缓冲器动作后，应无永久变形。

3. 耗能型缓冲器

（1）耗能型缓冲器的总行程

耗能型缓冲器可能的总行程应至少等于相应于 115% 额定速度的重力制停距离，即 0. 067 4 v^2（m）。当对电梯行程末端的减速进行监控时，缓冲器行程的计算中，可采用轿厢（或对重）与缓冲器刚接触时的速度取代额定速度，但行程必须符合下述规定：

1）当额定速度小于或等于 4 m/s 时，行程不得小于按上述规定计算行程的 50%。而且在任何情况下行程不应小于 0. 42 m。

2）当额定速度大于 4 m/s 时，行程不得小于按上述规定计算行程的 1/3。而且在任何情况下行程不应小于 0. 54 m。

（2）对耗能型缓冲器的技术要求

1）当装有额定载重量的轿厢以自由落体形式，并以115%额定速度撞击轿厢缓冲器时，缓冲器作用期间的平均减速度不应大于1 g。

2）缓冲器对轿厢产生的2.5 g以上的减速度时间不应大于0.04 s。

3）缓冲器动作后，应无永久变形。

（3）缓冲器动作后回复

在缓冲器动作后回复至其正常伸长位置后电梯才能正常运行，为检查缓冲器的正常复位所用的装置应是一个符合国家标准规定的电气安全装置。

（4）液压缓冲器的结构要求

液压缓冲器的结构应便于检查其液位。

三、限速器张紧轮

因为限速器绳要求有一定的张力，才能带动限速器的运动，从而能避免限速器绳的晃动，产生噪声或干扰其他部件，保证限速器的正常工作。限速器张紧轮如图4—4—5所示。

图4—4—5　限速器张紧装置

四、底坑急停开关

急停开关也称安全开关，是串接在电梯安全回路的一种非自动复位的开关。当遇到紧急情况或在轿顶、底坑、机房、滑轮间等处检修电梯时，为防止电梯的意外启动和运行，将电梯的控制权掌握在维修工自己手上，维修工可以按下急停开关切断电梯安全回路以保证安全。

急停开关应有明显的标志，按钮应为红色，旁边标以“停止”“正常”字样。旁边也应用红色标明“停止”位置。

五、井道照明

井道应设置永久性的电气照明装置，即使在所有的门关闭时，在轿顶面以上和底坑地面以上1 m处的照度均至少为50 lx。

照明应这样设置：距井道最高和最低点0.5 m以内各装一盏灯，再设中间灯。

第五章　电梯常用低压电器

低压电器能够依据操作信号或外界现场信号的要求，自动或手动地改变电路的状态、参数，实现对电路或被控对象的控制、保护、测量、指示、调节。低压电器的作用有：

（1）控制作用。如电梯的上下移动、快慢速自动切换与自动停层等。

（2）保护作用。能根据设备的特点，对设备、环境以及人身实行自动保护，如电动机的过热保护、电网的短路保护、漏电保护等。

（3）测量作用。利用仪表及与之相适应的电器，对设备、电网或其他非电参数进行测量，如电流、电压、功率、转速、温度、湿度等。

（4）调节作用。低压电器可对一些电量和非电量进行调整，以满足用户的要求，如柴油机油门的调整、房间温湿度的调节、照度的自动调节等。

（5）指示作用。利用低压电器的控制、保护等功能，检测出设备运行状况与电气电路工作情况，如绝缘监测等。

（6）转换作用。在用电设备之间进行转换或对低压电器、控制电路分时投入运行，以实现功能切换，如市电电源与自备电源的切换等。

当然，低压电器作用远不止这些，随着科学技术的发展，新功能、新设备会不断出现，常用低压电器的主要种类和用途见表5—1。

表5—1　　常见的低压电器的主要种类及用途

序号	类别	主要品种	用途
1	断路器	塑料外壳式断路器	主要用于电路的过负荷保护、短路、欠电压、漏电压保护，也可用于不频繁接通和断开的电路
		框架式断路器	
		限流式断路器	
		漏电保护式断路器	
		直流快速式断路器	
2	刀开关	隔离式刀开关	主要用于电路的隔离，有时也能分断负荷
		负荷开关	
		熔断器式刀开关	
3	转换开关	组合开关	主要用于电源切换，也可用于负荷通断或电路的切换
		换向开关	
4	主令电器	按钮	主要用于发布命令或程序控制
		限位开关	
		微动开关	
		接近开关	
		万能转换开关	

续表

序号	类别	主要品种	用途
5	接触器	交流接触器	主要用于远距离频繁控制负荷，切断带负荷电路
		直流接触器	
6	起动器	磁力起动器	主要用于电动机的起动
		星三角起动器	
		自耦减压起动器	
7	控制器	凸轮控制器	主要用于控制回路的切换
		平面控制器	
8	继电器	电流继电器	主要用于控制电路，将被控量转换成控制电路所需电量或开关信号
		电压继电器	
		时间继电器	
		中间继电器	
		温度继电器	
		热继电器	
9	熔断器	有填料熔断器	主要用于电路短路保护，也用于电路的过载保护
		无填料熔断器	
		半封闭插入式熔断器	
		快速熔断器	
		自复熔断器	
10	电磁铁	制动电磁铁	主要用于起重、牵引、制动等方面
		起重电磁铁	
		牵引电磁铁	

对低压配电电器的要求是灭弧能力强、分断能力好、热稳定性能好、限流准确等。对低压控制电器，则要求其动作可靠、操作频率高、寿命长并具有一定的负载能力。

第一节 低压开关

低压开关主要用作隔离、转换以及接通和分断电路。多数作为电路的电源开关、局部照明电路的控制开关，有时也可用来直接控制小容量电动机的启动、停止和正反转。

低压开关一般为非自动切换电器，电梯常用的主要类型有刀开关、位置开关（又称为行程开关）和自动空气开关。

一、刀开关

普通刀开关是一种结构最简单且应用最广泛的低压电器。

刀开关按结构不同，可分为带灭弧罩和不带灭弧罩、板前接线和板后接线、直接手柄操作式和远距离连杆操纵式等几种。

刀开关按级数划分，可分为单极、二极和三极三种。二极和三极刀开关的动触刀由绝缘横杆联动。容量在600 A以上的刀开关，为避免在分断电流时烧伤主触头，在刀片上端加装耐弧的铜—石墨弧触头或灭弧罩。刀开关的灭弧罩是在钢纸板骨架上嵌设几片钢板做成栅状，称为栅片式灭弧装置。

常用刀开关可分为以下四种：

1. 开启式负荷开关

开启式负荷开关俗称瓷底胶盖闸刀，结构如图5—1—1所示。

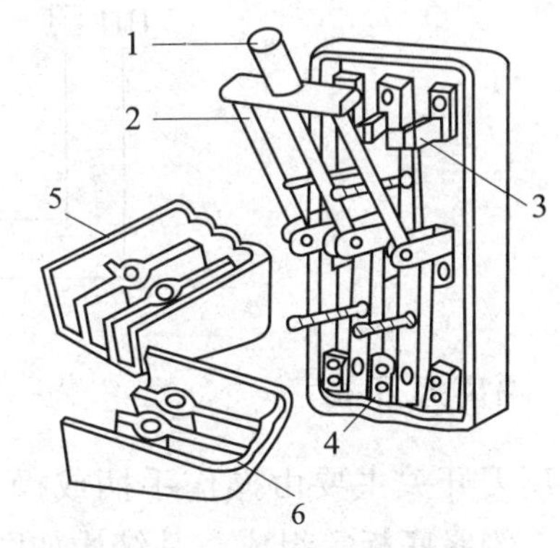

图5—1—1　开启式负荷开关

1—操作手柄　2—闸刀本体　3—静夹座
4—接线熔丝接头　5—上胶盖　6—下胶盖

开启式负荷开关由操作手柄、闸刀本体、静触头、接线熔丝接头、上下胶盖、出线座和绝缘底板组成。推动手柄使动触头插入静夹座中，电路就会被接通；拉下手柄，动触头离开静夹座，电路被切断。其特点是结构简单，操作、维护方便，但安全性稍差。

开启式负荷开关，其型号含义表示如下：

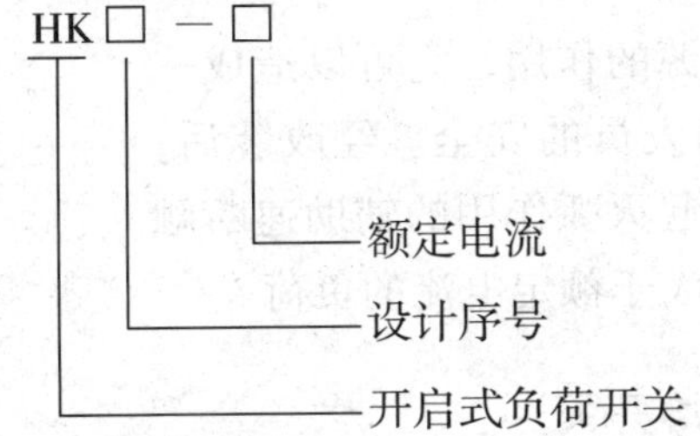

开启式负荷开关的型号有HK2、HK1和HK1－P三种，每一个型号中又有二极和三极之分。二极的额定电压为250 V，三极的额定电压为380 V。HK1型负荷开关额定电流为15 A、30 A、60 A，HK1－P型负荷开关额定电流为15 A。

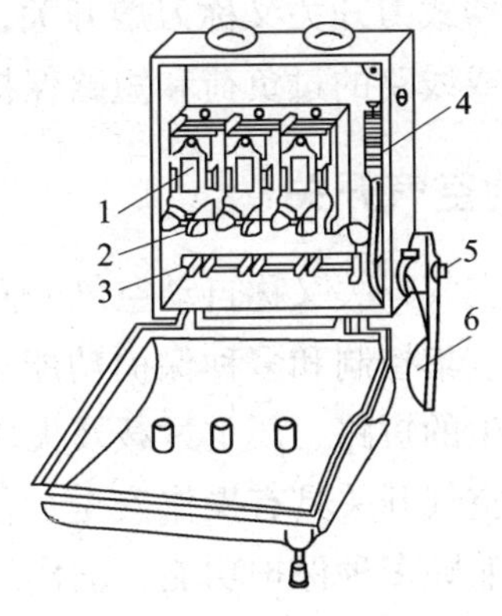

图5—1—2　封闭式负荷开关外形结构图

1—熔断器　2—夹座　3—闸刀
4—速断弹簧　5—转轴　6—手柄

2. 封闭式负荷开关

封闭式负荷开关又名铁壳开关，外形结构如图5—1—2所示。

封闭式负荷开关由刀开关、瓷插式熔断器或封闭管式熔断器、灭弧装置、侧方操作手柄、操作机构和钢板（或铸铁）外壳等组成。其中操作机构由机械连锁装置、夹座、闸刀、速断弹簧、转轴、手柄等组成。封闭式负荷开关特有的结构保证了壳盖打开时不能合闸，而手柄处于闭合位置时，不能打开壳盖，以确保人身安全。同时，封闭式负荷开关还具有维护方便，动作迅速等优点，但其结构较复杂。

封闭式负荷开关型号含义如下：

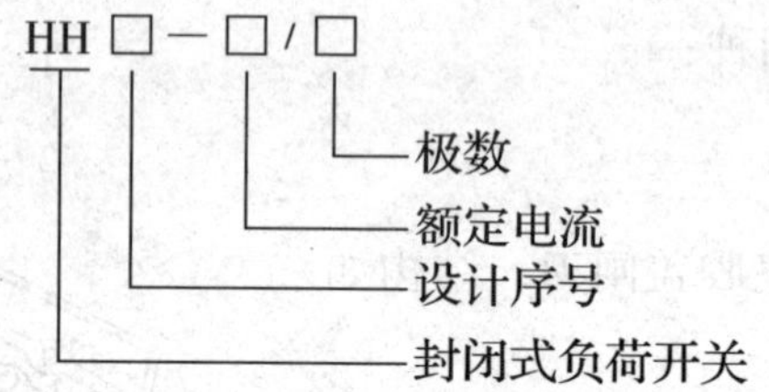

3. 隔离刀开关

隔离刀开关主要由操作手柄或操作机构、动触刀、静触座、绝缘底板等组成，其结构如图 5—1—3 所示。

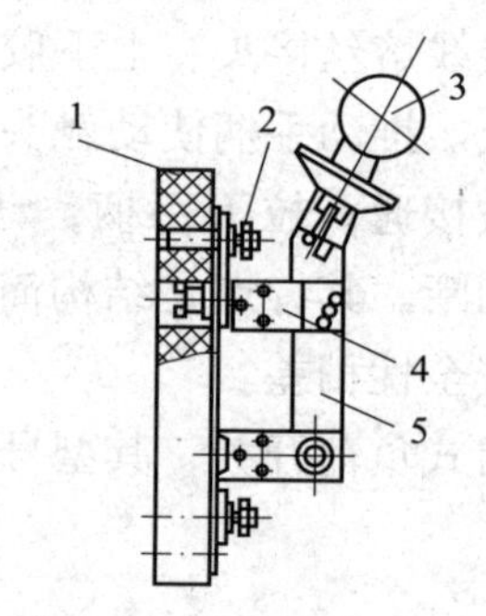

图 5—1—3　隔离刀开关结构图

1—绝缘底板　2—接线端子

3—操作手柄　4—静触座　5—动触刀

普通的隔离刀开关不可以带负荷操作，它通常与空气断路器配合使用，在空气断路器切断电路后才能操作隔离刀开关。

隔离刀开关主要起隔离电源的作用，它可以造成一个明显的断开点，以确保检修人员的安全。经改装后，装有灭弧罩或在动触刀上装有起灭弧作用的辅助速断触刀的隔离刀开关，可以切断不大于额定电流的负荷。

4. 熔断器式刀开关（刀熔开关）

熔断器式刀开关又称刀熔开关，其熔断器主要用于电气设备或线路的过负荷和短路保护。

二、自动空气开关

自动空气开关又称自动空气断路器，是低压配电网络和电力拖动系统中非常重要的一种电器，它集控制和多种保护功能于一身，除能完成接通和分断电路外，还能对电路或电气设备发生的短路、严重过载及失压等进行保护。

自动空气开关具有操作安全、使用方便、工作可靠、安装简单、动作值可调、分断能力较强、兼顾多种保护功能、动作后不需要更换元件等优点，因此被广泛应用。

1. 塑壳式自动断路器

常用自动空气开关为塑料外壳式断路器，简称塑壳式断路器。它把部件都安装在

一个塑料外壳内，主要产品有国产 DZ5、DZ15、DZ20、DZ25、TM30、CM1、SM30 系列。

塑壳式断路器的型号含义如下：

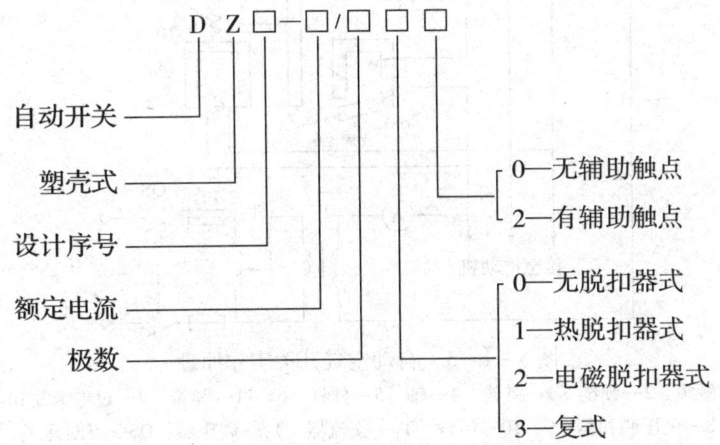

以 DZ5 – 20 型断路器为例，其结构由按钮、电磁脱扣器、自由脱扣器、动触头、静触头、接线柱、热脱扣器等组成，其外形及结构如图 5—1—4 所示。

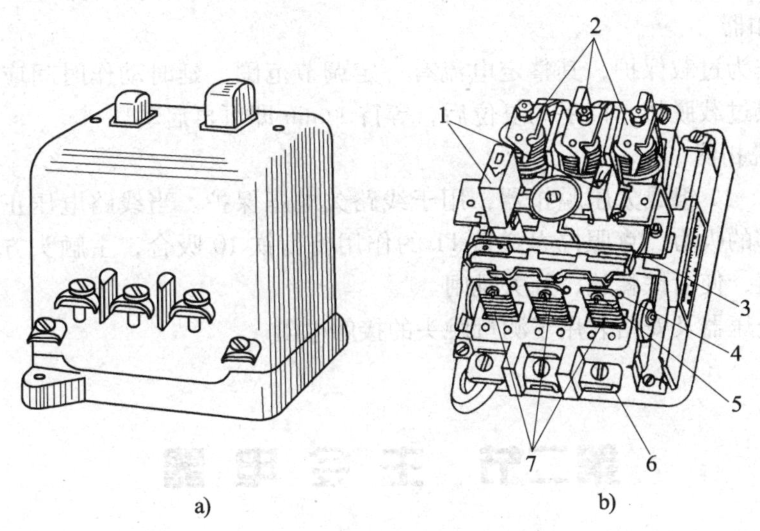

图 5—1—4　DZ5 – 20 型断路器

1—按钮　2—电磁脱扣器　3—自由脱扣器　4—动触头
5—静触头　6—接线柱　7—热脱扣器

2. 自动空气开关工作原理

自动空气开关工作原理如图 5—1—5 所示。

图中 1、2 为自动空气开关的三副主触头，它们串联在被控制的三相电路中。

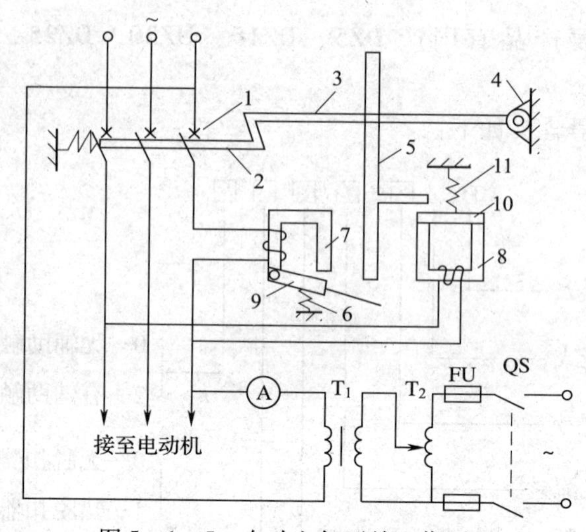

图 5—1—5　自动空气开关工作原理

1—触头　2—锁链　3—搭钩　4—轴　5—杠杆　6、11—弹簧　7—过电流脱扣器　8—欠压脱扣器　9、10—衔铁　T_1—交流器　T_2—调压器　QS—刀闸开关

(1) 电磁脱扣器

图中 6、7、9 组成电磁脱扣器，其动作特性应满足：当通以 90% 的整定电流时，电磁脱扣部分不应动作；当通以 110% 的整定电流时，电磁脱扣器应瞬时动作。

(2) 热脱扣器

热脱扣器作为过载保护，其整定电流有一定调节范围，延时动作时间应符合电路技术要求。开关因热过载脱扣，以手动复位后，等待 1 min 即可再启动。

(3) 欠压脱扣器

图中 8、10、11 组成欠压脱扣器，用于线路欠电压保护。当线路电压正常时，欠压脱扣器 8 产生足够的吸力，克服拉力弹簧 11 的作用将衔铁 10 吸合，主触头方能闭合；当电压降低到某数值，使衔铁释放，开关跳闸。

图中所接变压器及安培表用于测量触头的接触电阻。

第二节　主令电器

主令电器是在电气控制系统中发出指令或信号的操纵电器。由于它专门发号施令，故称“主令电器”。主要用来切换控制电路，使电路接通或分断，实现对电力拖动系统的各种控制。

电梯常用主令电器有按钮开关、位置开关。

一、按钮开关

1. 按钮的功能

按钮是一种用人体某一部分（一般为手指或手掌）施加力而操作，并具有弹簧储能复

位的控制开关，是一种最常用的主令电器。按钮的触头允许通过的电流较小，一般不超过 5 A。因此，一般情况下，它不直接控制主电路（大电流电路）的通断，而是在控制电路（小电流电路）中发出指令或信号，控制接触器、继电器等电器，再由它们去控制主电路的通断、功能转换或电气联锁。图 5—2—1 所示为几款按钮的外形。

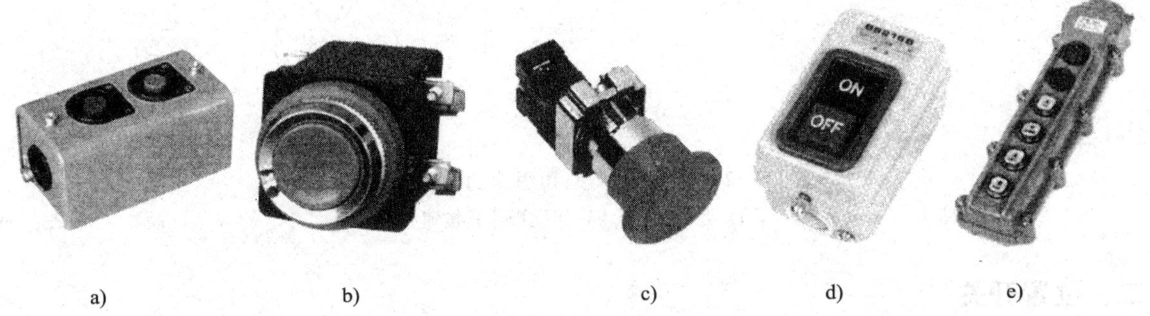

图 5—2—1 几款按钮的外形

a）LA10 系列 b）LA19 系列 c）LAY5 系列 d）BS 系列 e）COB 系列

2. 按钮的结构原理与符号

按钮一般由按钮帽、复位弹簧、桥式动触头、静触头、支柱连杆及外壳等部分组成，如图 5—2—2 所示。

按钮按不受外力作用（即静态）时触头的分合状态，分为启动按钮（即常开按钮）、停止按钮（即常闭按钮）和复合按钮（即常开、常闭触头组合为一体的按钮），各种按钮的结构与符号如图 5—2—2 所示。不同类型和用途的按钮符号如图 5—2—3 所示。

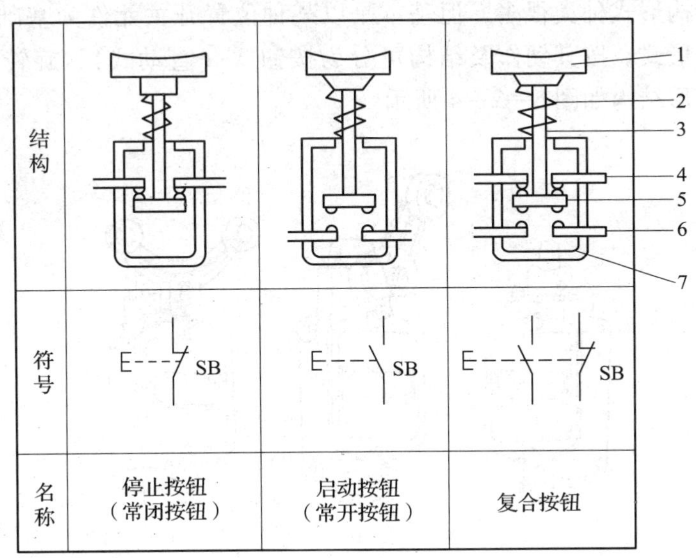

图 5—2—2 按钮的结构与符号

1—按钮帽 2—复位弹簧 3—支柱连杆 4—常闭静触头 5—桥式动触头 6—常开静触头 7—外壳

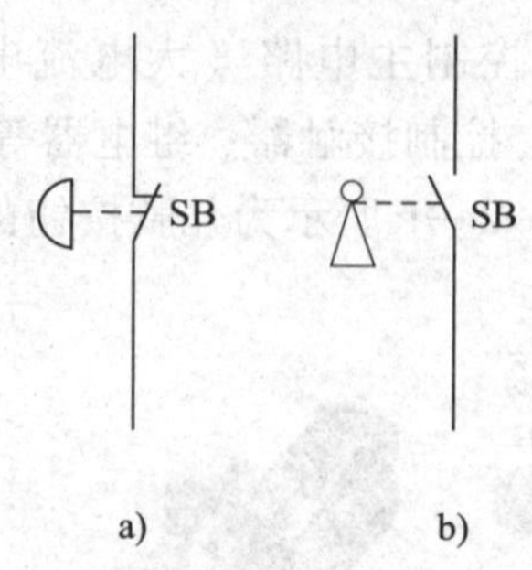

图 5—2—3　不同类型和用途的按钮符号
a）急停按钮　b）钥匙操作式按钮

二、位置开关

位置开关又称行程开关或限位开关，是一种很重要的小电流主令电器。

位置开关是利用生产设备某些运动部件的机械位移而碰撞位置开关，使其触头动作，将机械信号变为电信号，接通、断开或变换某些控制电路的指令，借以实现对机械的电气控制要求。

通常，这类开关被用来限制机械运动的位置或行程，使机械按一定位置或行程自动停止、反向运动、变速运动或自动往返运动等。各种系列的位置开关其基本结构大体相同，都是由操作头、触头系统和外壳组成。操作头接受机械设备发出的动作指令或信号，并将其传递到触头系统。触头系统再将操作头传来的指令或信号通过本身的结构功能变为电信号，输出到有关控制回路，使之作出必要的反应。

位置开关的结构形式种类很多，但基本是以某种位置开关元件为基础，装配不同的操作头，得到不同的形式。按其动作及结构可分为按钮式（直动式）、旋转式（滚轮式）和微动式三种。其外形结构如图 5—2—4 所示。

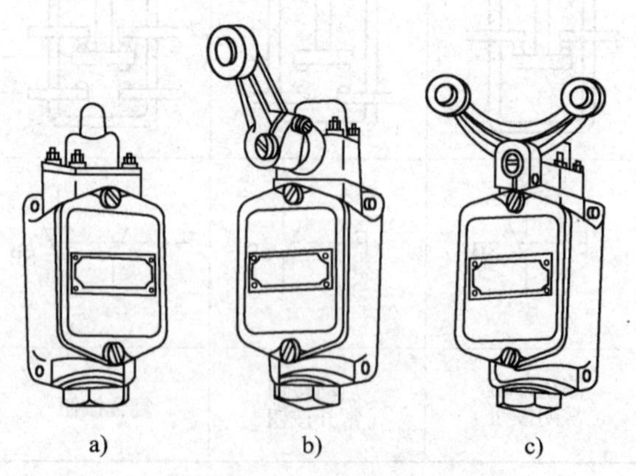

图 5—2—4　常见位置开关
a）按钮式　b）单轮旋转式　c）双轮旋转式

位置开关按其触头动作方式可分为蠕动型和瞬动型，两种类型的触头动作速度不同。

蠕动型位置开关的触头分合速度取决于机械挡块触动操作头的移动速度，其缺点是当移动速度低于 0.4 m/min 时，触头分合太慢易受电弧烧灼，从而降低触头使用寿命，为了使位置开关触头在生产机械缓慢运动时仍能快速分合，故将触头动作设计成跳跃式瞬动结构，如图 5—2—5 所示。这样不但可以保证动作的可靠性及行程控制的位置精度，同时还可减少电弧对触头的灼伤。

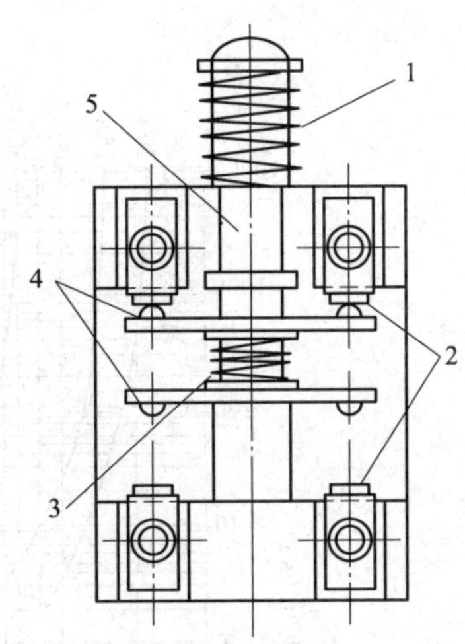

图 5—2—5　跳跃式瞬时动作型触头系统
1—弹簧　2—静触头
3—弹簧　4—动触头　5—推杆

位置开关动作后，其复位方式有自动复位和非自动复位之分。自动复位是依靠本身的恢复弹簧实现复位，如图 5—2—4a、图 5—2—4b 所示；非自动复位行程开关动作后不能自动复位，如图 5—2—4c 所示。

第三节　熔　断　器

熔断器是低压配电系统和电梯电力拖动系统中的保护电器。在使用时，熔断器串接在所保护的电路中，当该电路发生过载或短路故障时，通过熔断器的电流达到或超过了某一规定值，以其自身产生的热量使熔体熔断而自动切断电路，起到保护作用。

电气设备的电流保护有两种主要形式：过载延时保护和短路瞬时保护。过载一般是指 10 倍额定电流以下的过电流，短路则是指 10 倍额定电流以上的过电流。但应注意，过载保护和短路保护决不仅是电流倍数的不同，实际上无论从特性方面、参数方面还是工作原理方面来看差异都很大。

一、熔断器的主要技术参数

熔断器主要由熔体、安装熔体的熔管和熔座三部分组成。每一种系列及型号的熔断器都有安秒特性和分断能力两个主要技术参数，这两个参数都体现了在保护方面对熔断器所提出的要求。

1. 安秒特性曲线

熔断器的安秒特性曲线即熔断特性曲线或保护特性曲线，是表征流过熔体的电流与熔体的熔断时间的关系，如图 5—3—1 所示。

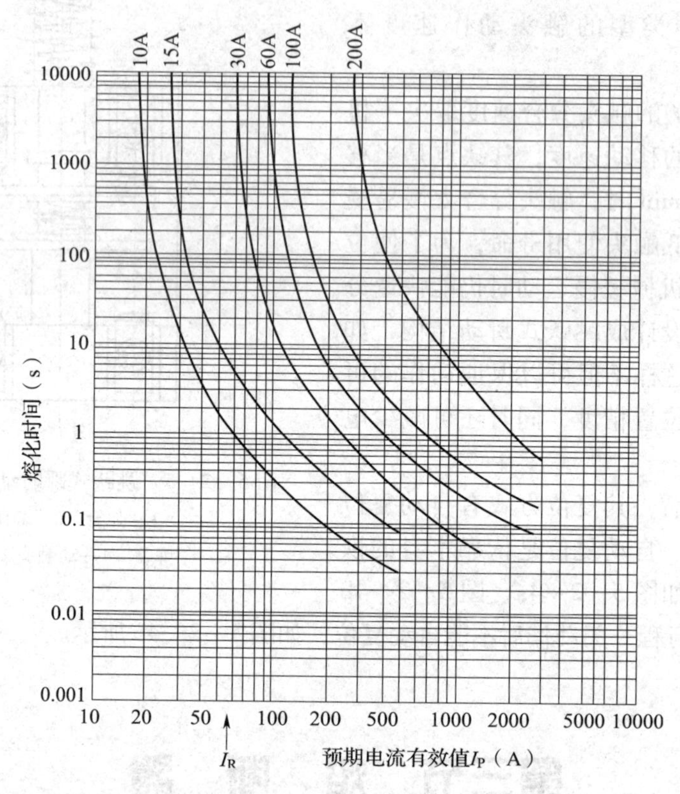

图 5—3—1　安秒特性曲线

曲线说明了熔体的熔断时间随着电流的增大而缩短。因为熔断器是以过载时的发热现象作为动作的基础，而熔体在熔化和汽化过程中，所需要的热量是一定的，熔断时间与电流的平方成反比，电流越大，熔断时间越短。

另外，在安秒特性曲线中有一个熔断电流与不熔断电流的分界线，与此相对应的电流称为最小熔化电流或临界电流，往往以在 1 ~ 2 h 内能熔断的最小电流值作为最小融化电流。根据对熔断器的要求，熔体在额定电流下绝对不应熔断，所以最小熔化电流必须大于额定电流。

2. 分断能力

熔断器的分断能力是指它在额定电压下切断短路电流的能力。一般根据线路、电气设备状况和要求，选择具有不同分断能力的熔断器。分断能力主要是用于短路保护的，它具有瞬时分断的特性。熔断器中熔体的材料大致可以分为低熔点和高熔点两种类型。常用的低熔点材料有锡、铅、锌、锡铅合金及锑铅合金。

实际工作中，应根据电器设备和电器控制线路的最大负荷大小来确定熔断器的型号、规格、种类。更换熔断器时，应尽量选择相同型号熔断器进行更换，在型号、种类不同的情况下，应核实后使用。

二、常用熔断器的外形结构与型号

熔断器主要由熔断体和底座两部分组成。熔断体由熔体、熔管和触片等组成。低压熔断器按其结构形式可分为半封闭插入式熔断器、无填料密封管式熔断器、有填料封闭管式熔断器（包括有填料螺旋式熔断器）及自复熔断器四类，其中自复熔断器只能限流，不能分断电路，故常与自动开关串联使用，以提高组合的分断能力。各类常用熔断器外形如图5—3—2、图5—3—3、图5—3—4、图5—3—5所示。

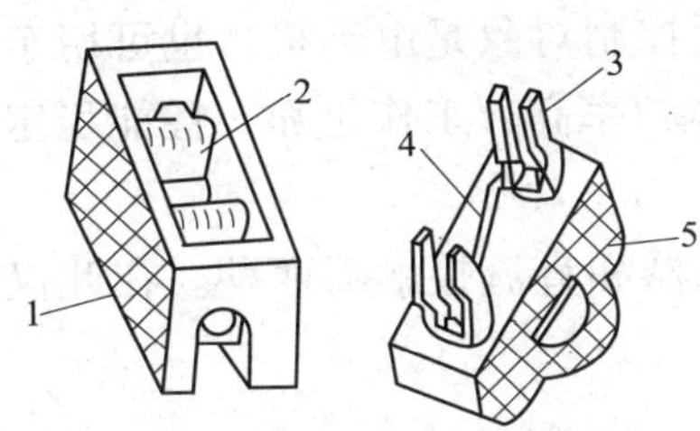

图5—3—2　半封闭插入式熔断器

1—瓷底座　2—石棉垫

3—触刀　4—熔丝　5—瓷盖

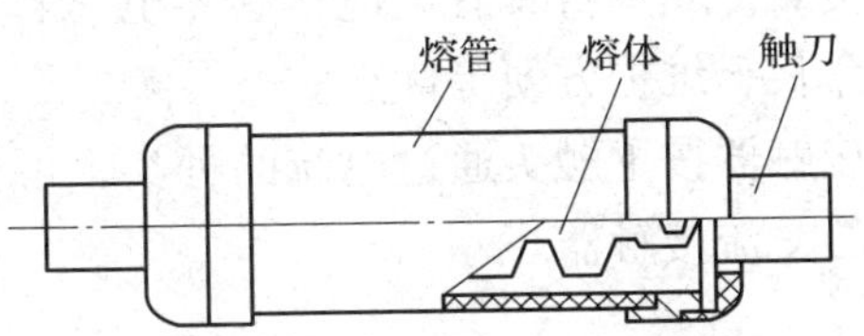

图5—3—3　无填料密封管式熔断器

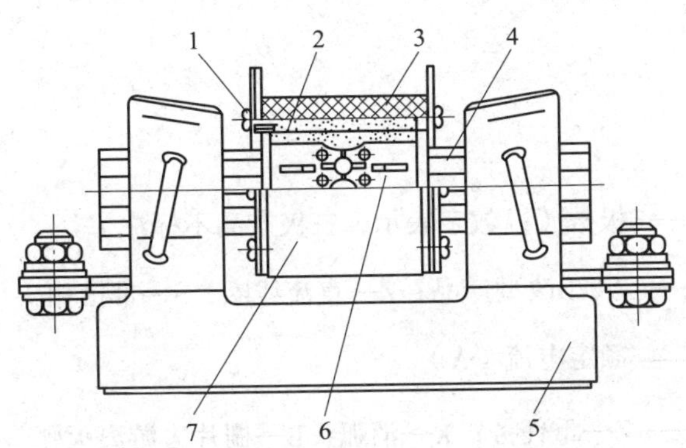

图5—3—4　有填料封闭管式熔断器

1—熔断指示器　2—石英砂填料　3—熔管

4—触刀　5—底座　6—熔体　7—熔断体

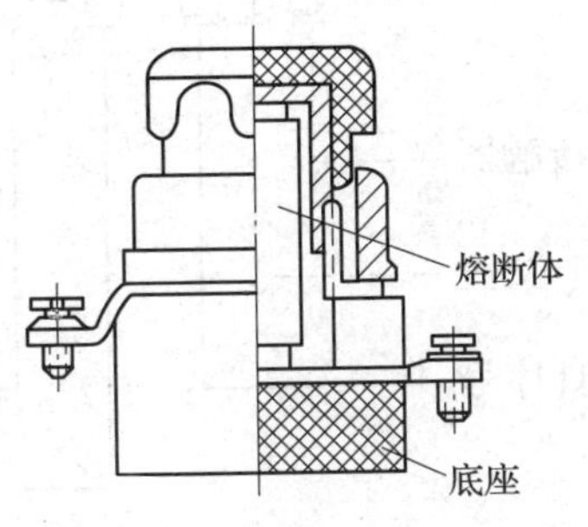

图5—3—5　有填料螺旋式熔断器

熔断器型号及含义如下：

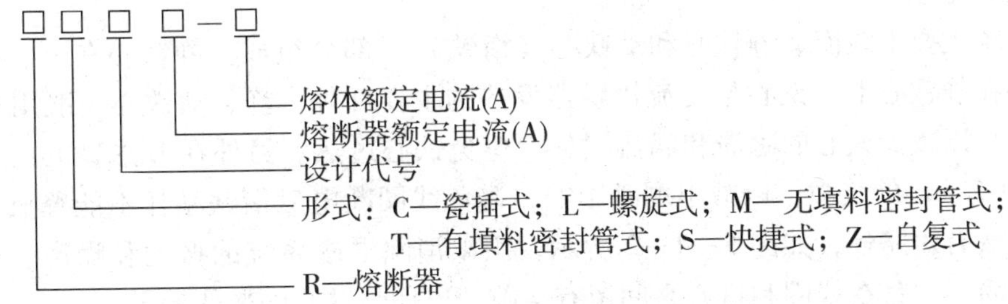

第四节　交流接触器

接触器是用来频繁地远距离控制接通或断开交直流主电路及大容量控制电路的自动控制电器。它不同于刀开关类手动切换电器，因为它具有手动切换电器所不能实现的远距离控制功能；它也不同于自动空气开关，因为它虽然具有一定的断流能力，但却不具备短路和过载保护功能。接触器在电梯自动控制系统中，主要控制对象是电动机，也可用于控制其他负载。其本身具有欠电压、零电压释放保护，操作频率高、工作可靠、性能稳定、使用寿命长、维护方便等优点。

接触器按主触头通过电流的种类，可分为交流接触器和直流接触器两种。在此仅介绍常用的交流接触器。

一、交流接触器的型号、结构和符号

1. 交流接触器的型号及含义

交流接触器的型号及含义如下：

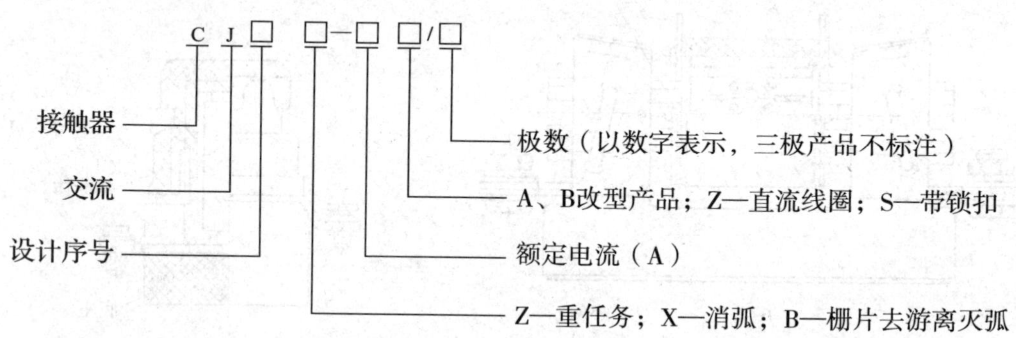

2. 交流接触器的结构和符号

交流接触器主要由电磁系统、触头系统、灭弧装置和辅助部件等组成。CJ10—20 型交流接触器的结构如图 5—4—1 所示。

（1）电磁系统

电磁系统主要由线圈、静铁心和动铁心（衔铁）三部分组成。静铁心在下、动铁心在上，线圈装在静铁心上。铁心是交流接触器发热的主要部件，静、动铁心一般用 E 形硅钢片叠压而成，以减少铁心的磁滞和涡流损耗，避免铁心过热。另外在 E 形铁心的中柱端面留有 0. 1 ~0. 2 mm 的气隙，以减小剩磁影响，避免线圈断电后衔铁粘住不能释放。铁心的两个端面上嵌有短路环，如图 5—4—2 所示，用以消除电磁系统的振动和噪声。线圈做成粗而短的圆筒形，且在线圈和铁心之间留有空隙，以增强铁心的散热效果。

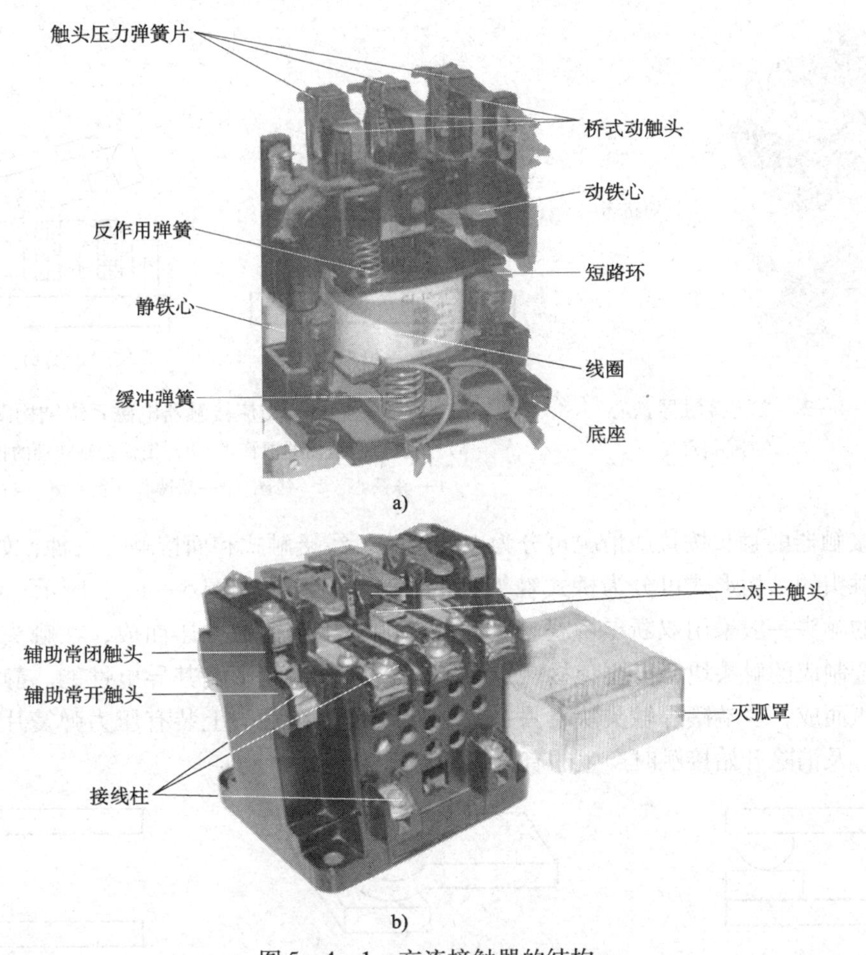

图 5—4—1　交流接触器的结构

a）电磁系统及辅助部件　b）触头系统和火弧罩

交流接触器利用电磁系统中线圈的通电或断电，使静铁心吸合或释放衔铁，从而带动动触头与静触头闭合或分断，实现电路的接通或断开。

CJ10 系列交流接触器的衔铁运动方式有两种，对于额定电流为 40 A 及以下的接触器，采用衔铁直线运动的螺管式，如图 5—4—3a 所示；对于额定电流为 60 A 及以上的接触器，采用衔铁绕轴转动的拍合式，如图 5—4—3b 所示。

（2）触头系统

交流接触器的触头按通断能力可分为主触头和辅助触头，如图 5—4—1b 所示。主触头用以通断电流较大的主电路，一般由三对常开触头组成。辅助触头用以通断电流较小的控制电路，一般由两对常开触头和两对常闭触头组成。所谓触头的常开和常闭，是指电磁系统未通电动作前触头的状态。常开触头和常闭触头是联动的。当线圈通电时，常闭触头先断开，常开触头随后闭合，中间有一个很短的时间差。当线圈断电后，常开触头先恢复断开，随后常闭触头恢复闭合，中间也存在一个很短的时间差。这个时间差虽短，但对分析线路的控制原理却很重要。

图 5—4—2　交流接触器铁心的短路环

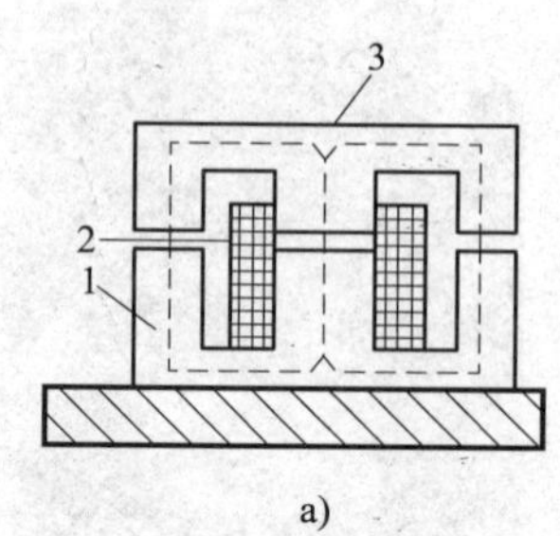

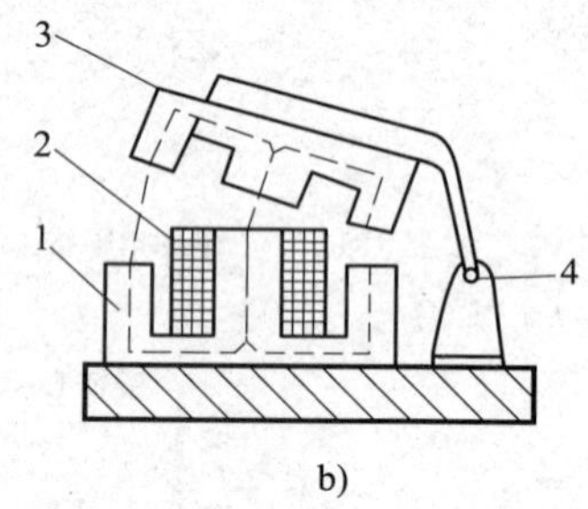

图 5—4—3　交流接触器电磁系统结构图

a）衔铁直线运动的螺管式　b）衔铁绕轴转动的拍合式

1—静铁心　2—线圈　3—动铁心（衔铁）　4—轴

交流接触器的触头按接触情况可分为点接触式、线接触式和面接触式三种，如图 5—4—4 所示；按触头的结构形式可分为桥式触头和指形触头两种，如图 5—4—5 所示。CJ10 系列交流接触器的触头一般采用双断点桥式触头，其动触头用紫铜片冲压而成，在触头桥的两端镶有银基合金制成的触头块，以避免接触点由于产生氧化铜而影响其导电性能。静触头一般用黄铜板冲压而成，一端镶焊触头块，另一端为接线柱。在触头上装有压力弹簧片，用以减小接触电阻，及消除开始接触时产生的有害振动。

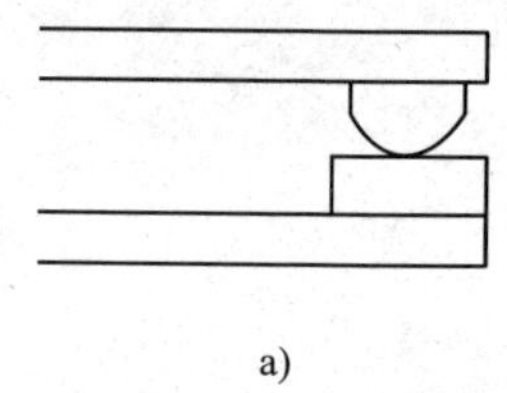

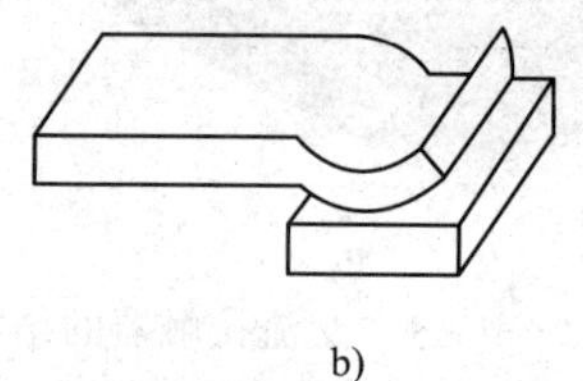

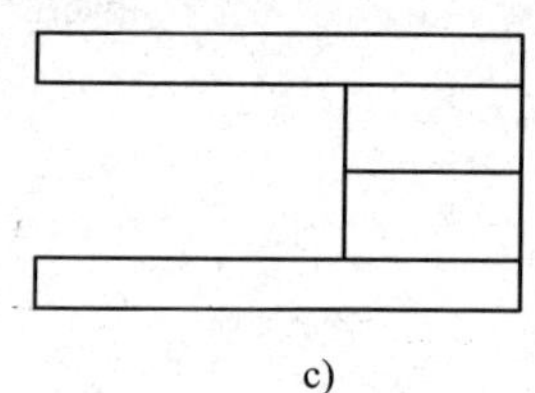

图 5—4—4　触头的三种接触形式

a）点接触　b）线接触　c）面接触

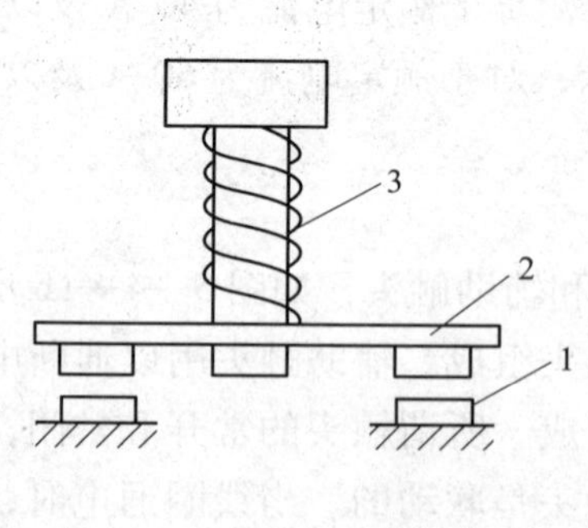

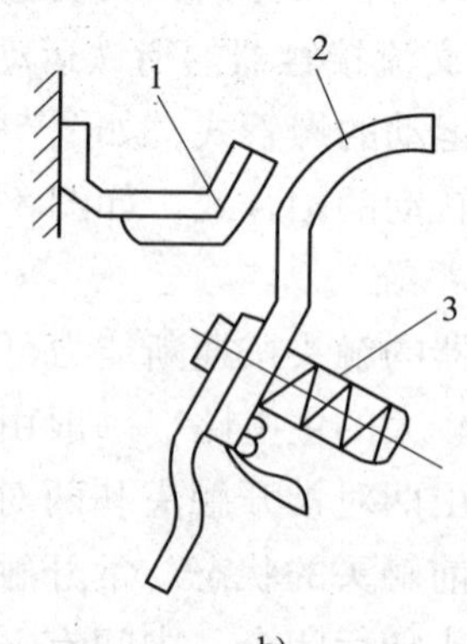

图 5—4—5　触头的结构形式

a）双断点桥式触头　b）指形触头

1—静触头　2—动触头　3—触头压力弹簧

（3）灭弧装置

交流接触器在断开大电流或高电压电路时，会在动、静触头之间产生很强的电弧。电弧是触头间气体在强电场作用下产生的放电现象，它一方面会灼伤触头，降低触头的使用寿命；另一方面会使电路切断时间延长，甚至造成弧光短路或引起火灾事故。因此触头间的电弧应尽快熄灭。

灭弧装置的作用是熄灭触头分断时产生的电弧，以减轻对触头的灼伤，保证可靠的分断电路。交流接触器常采用的灭弧装置有双断口结构的电动力灭弧装置、纵缝灭弧装置和栅片灭弧装置，如图5—4—6所示。对于容量较小的交流接触器，如CJ10—10型，一般采用双断口结构的电动力灭弧装置；CJ10系列交流接触器额定电流在20 A及以上的，常采用纵缝灭弧装置灭弧：对于容量较大的交流接触器，多采用栅片来灭弧。

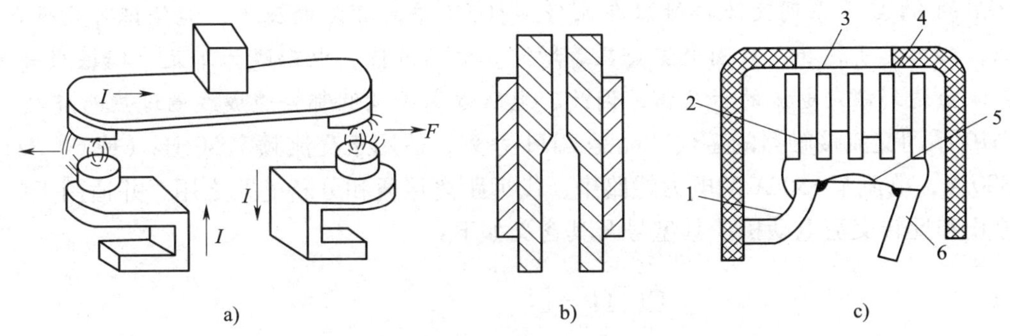

图5—4—6　常用的灭弧装置

a）双断口结构电动力灭弧装置　b）纵缝灭弧装置　c）栅片灭弧装置

1—静触头　2—短电弧　3—灭弧栅片　4—灭弧罩　5—电弧　6—动触头

（4）辅助部件

交流接触器的辅助部件有反作用弹簧、缓冲弹簧、触头压力弹簧、传动机构及底座、接线柱等，如图5—4—1所示。反作用弹簧安装在衔铁和线圈之间，其作用是线圈断电后，推动衔铁释放，带动触头复位；缓冲弹簧安装在静铁心和线圈之间，其作用是缓冲衔铁在吸合时对静铁心和外壳的冲击力，保护外壳；触头压力弹簧安装在动触头上面，其作用是增加动、静触头间的压力，从而增大接触面积，以减小接触电阻，防止触头过热损伤；传动机构的作用是在衔铁或反作用弹簧的作用下，带动动触头实现与静触头的接通或分断。

交流接触器在电路图中的符号如图5—4—7所示。

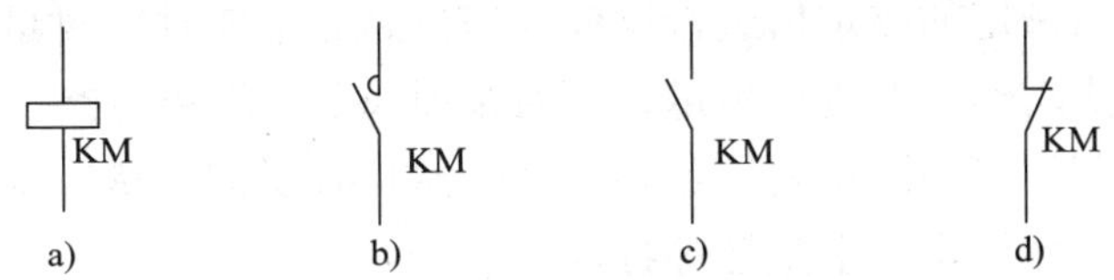

图5—4—7　接触器的符号

a）线圈　b）主触头　c）辅助常开触头　d）辅助常闭触头

二、工作原理

当接触器的线圈通电后，线圈中的电流产生磁场，使静铁心磁化产生足够大的电磁吸力，克服反作用弹簧的反作用力将衔铁吸合，衔铁通过传动机构带动辅助常闭触头先断开，三对常开主触头和辅助常开触头后闭合；当接触器线圈断电或电压显著下降时，由于铁心的电磁吸力消失或过小，衔铁在反作用弹簧力的作用下复位，并带动各触头恢复到原始状态。

常用的CJ10等系列交流接触器在85% ~105%倍的额定电压下，能保证可靠吸合。电压过高，磁路趋于饱和，线圈电流会显著增大。电压过低，电磁吸力不足，衔铁吸合不上，线圈电流会达到额定电流的十几倍，因此，电压过高或过低都会造成线圈过热而烧毁。

CJ10系列交流接触器的替代产品是CJT1系列，适用于交流频率50 Hz（或60 Hz）、电压至380 V，电流至150 A的电力线路中，供远距离接通和分断电路之用，并适用于频繁启动、停止和反转交流电动机。其型号及其含义如下：

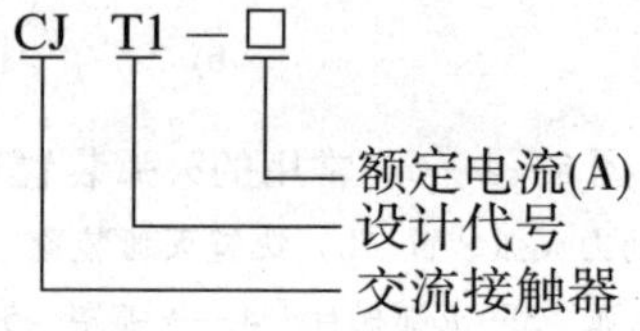

第五节 继 电 器

继电器是一种根据电量或非电量（如电压、电流、转速、时间、温度等）的变化，接通或断开控制电路，实现自动控制和保护电力拖动装置的电器。

继电器一般不是用来直接控制较强电流的主电路，主要用于反应控制信号，因此同接触器比较，继电器触头的分断能力很小，一般不设灭弧装置。

继电器的种类较多，其工作原理和结构也各不相同，但就一般来说，继电器是由承受机构、中间机构和执行机构三大部分组成。承受机构是反映和接收继电器的输入量，并传递给中间机构，将它与额定的整定值进行比较，当达到额定值时（过量或欠量），中间机构就使执行机构中的触头动作，产生输出量，从而接通或断开被控电路。

根据继电器在控制线路中的重要性，要求继电器具有反应灵敏、动作准确、切换迅速、工作可靠、结构简单、体积小、重量轻等特点。

常用继电器有中间继电器、时间继电器、热继电器及固体继电器等。它们广泛用于自动化设备的控制中，因此也称为控制继电器。控制继电器按其控制线圈电流分，有交流控制继电器和直流控制继电器，其交流电压有 36 V、110 V、127 V、220 V 和 380 V 等规格，直流电压有 12 V、24 V、48 V、110 V 和 220 V 等规格。

一、中间继电器

中间继电器是一个输入信号转换成一个或多个输出信号的继电器。它的输入信号为线圈的通电和断电，它的输出信号是触头的动作，不同动作状态的触头分别将信号传给几个元件或回路。

中间继电器的基本结构及工作原理与接触器完全相同，故称为接触器式继电器。所不同的是中间继电器的触头对数较多，并且没有主、辅之分，各对触头允许通过的电流大小是相同的，其额定电流约为 5 A。

中间继电器采用立体布置，铁心和衔铁用 E 形硅钢片叠装而成，线圈置于铁心中间，组成双 E 直动式电磁系统。触头采用桥式双断点结构，上、下两层各有 4 对触头，下层触头只能是常开的，故触头系统可按 8 常开、6 常开 2 常闭及 4 常开 4 常闭组合。

中间继电器的主要用途有两个：

1. 当继电器触头容量不够时，可借助中间继电器来控制，用中间继电器作为执行元件，这时中间继电器可被看成是一级放大器。

2. 当其他继电器或接触器触头数量不够时，可利用中间继电器来切换多条电路。

中间继电器的选择主要依据被控制电路的电压等级、所需触头的数量、种类、容量等要求来选择。

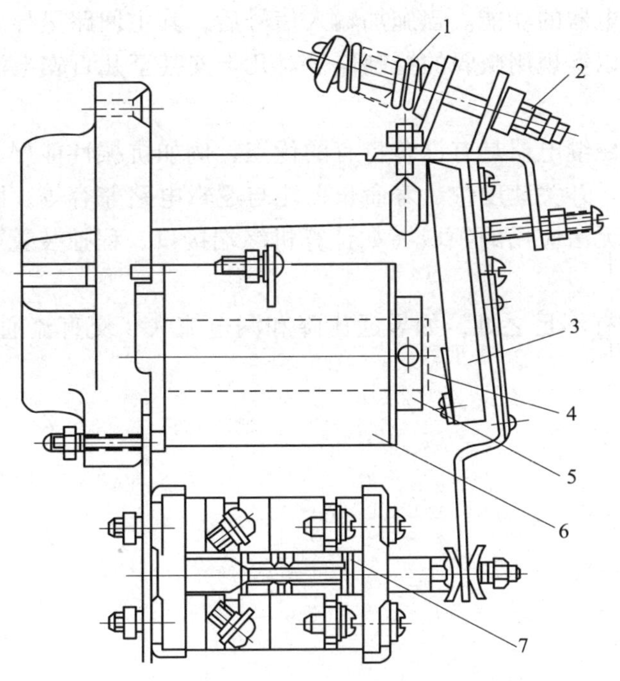

图 5—5—1　中间继电器外形结构图

1—反力弹簧　2—调节螺钉　3—衔铁　4—铁心　5—极靴　6—线圈　7—触头

二、时间继电器

时间继电器的特点是当它接收到信号后，经过一段时间延时，其触头才动作。因此通过时间继电器可实现按时间顺序进行控制。时间继电器按不同的延时原理，可分为电磁式、空气阻尼式、电动机式、钟摆式和晶体管式等。目前工程上用得最多的是电磁式、空气阻尼式和晶体管式时间继电器。

电磁式时间继电器的电磁系统与普通电压、电流继电器的电磁系统相似，它是在上述电磁继电器上附装磁阻尼或机械阻尼装置构成的。

晶体管式（又称电子式）时间继电器具有延时范围广、精确度高、调节方便等特点。按其结构类型又分为阻容式和数字式两类。阻容式利用 RC 电路充放电原理构成延时电路；数字式采用计算器式延时电路，延时较长。阻容式延时范围为 0.05 s ~ 1 h，属中等延时时间；数字式为长延时，延时范围为几小时至十几小时。

三、热继电器

热继电器是利用电流的热效应来推动动作机构使触点闭合或断开的保护电器。它主要用于电动机的过载保护、断相保护及其他电气设备发热状态的控制。

四、固体继电器

固体（态）继电器（简称 SSR）是一种无触点电子开关，没有任何可动触点或部件，但具有相当于电磁继电器的功能。当施加输入信号后，其主回路呈导通状态，无信号输入时呈阻断状态。它可以实现用微弱的控制信号对几十安甚至几百安电流的负载进行无触点的接通和断开。

固体继电器比电磁继电器具有许多特有的优点，例如抗振性能好、工作可靠、对外干扰小、抗干扰能力强、开关速度快、寿命长、能与逻辑电路兼容等，因此应用广泛，并逐步扩展到电磁继电器无法应用的领域（如计算机终端接口、程控装置、腐蚀潮湿环境及要求防爆的场合）。

但固体继电器也有不足之处，如导通压降和漏电流大、交直流通用性差、触点单一、耐温及过载能力差等。

第六章　继电器控制电梯的控制线路组成及线路分析

电梯运行性能的好坏以及它的功能是否完善，主要决定于控制线路是否完善及齐全合理。一部电梯的电气控制线路的繁简，是根据电梯性能及功能多少而定，但基本的电气控制线路是不可缺少的。这些线路一般包括轿内指令线路、层站召唤线路、定向选层线路、自动开关门线路、换速线路、平层线路、指层线路、慢速运行线路、消防运行线路、安全保护线路等。

通过继电器、接触器的逻辑线路进行自动控制时，能实现下述功能：

1. 在有司机或无司机操纵两种工作状态使用。
2. 无司机延时自动关门或按下按钮自动关门，到站自动平层开门。
3. 按下轿厢内、外召唤指令信号自动定向。
4. 实现顺向截车和最远层站的反向截车。
5. 自动启动加速、制动减速及自动停车。
6. 在检修时慢速运行。
7. 具有消防运行控制。
8. 各种符合电梯安全规范的机械电气保护和信号指示。

第一节　交流双速电梯的启动、制动运行电路

交流双速电梯曳引机定子内具有两个不同极对数的绕组。国内通常为6极和24极两套绕组。由电动机原理可知，三相异步电动机的转速可由下式表示：

$$n = \frac{60f}{p}(1 - s)$$

式中　f——电源频率；

p——电机定子绕组极对数；

s——转差率。

从上式可以看出，改变磁极对数就可以改变电动机转速。在电梯上常常使用交流双速电动机。

若电动机的极对数少则速度快，此时的绕组称为快速绕组；若电动机的极对数多则速度慢，此时的绕组称为慢速绕组。

图6—1—1是交流双速绕组电动机的交流电梯主电路。

电梯在启动运行时采用快速绕组，在制动减速、平层、检修运行时采用慢速绕组，当我们控制下行接触器或上行接触器动作时，电动机的相序会发生改变，从而改变电动机的

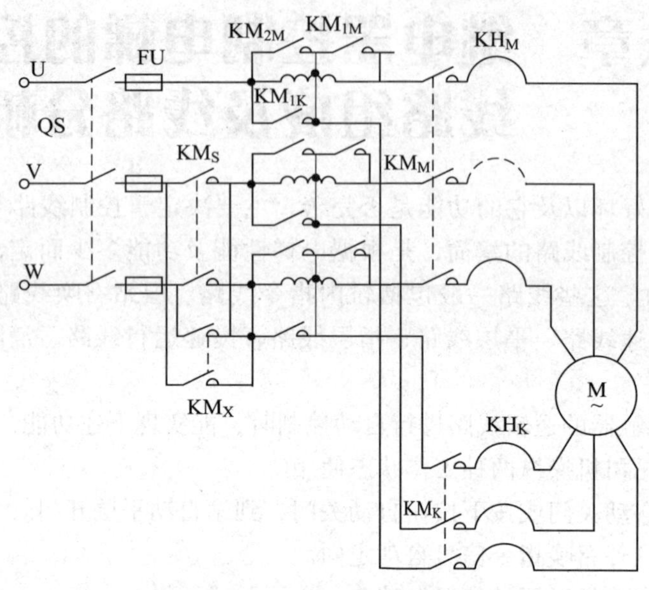

图 6—1—1　主电路图

FU—熔断器　QS—开关　KM_X—下行接触器　KM_S—上行接触器　KM_{1M}—慢速第一接触器
KM_{2M}—慢速第二接触器　KM_{1K}—快速第一接触器　KM_M—慢速接触器　KM_K—快速接触器
KH_M—慢速热继电器　KH_K—快速热继电器

转向。电梯在启动和制动过程中我们要求乘客乘坐舒适，并且对电梯的机件不应有冲击，因此对于交流电动机拖动的电梯在启动时串入电阻或电抗以限制启动电流，降低调节启动时的加速度。电梯在制动、平层过程中电动机由高速绕组切换到低速绕组，为了限制制动电流过大及降低减速时的负加速度，在电路中串入电阻或电抗，防止产生过大的冲击。

交流电梯的启动、制动运行线路工作原理如下：

合上 QS→KM_S、KM_K 闭合→电梯处在上行启动运行状态

KM_{1K}延时闭合→将电抗器短路，电梯处在快速运行状态

合上 QS→KM_S、KM_M 闭合→电梯处在上行制动状态，以速度 V_1运行

KM_{2M}闭合→电梯以速度 V_2运行

KM_{1M}闭合→电梯以速度 V_3运行

其中 $V_1 > V_2 > V_3$

慢速运行时，慢速接触器 KM_{1M}、KM_{2M}在电梯制动时以时间原则相继闭合，电梯以速度 V_1、V_2、V_3运行，不断降低速度，最终当 KM_M 断开时，电梯慢速绕组断电，电梯停止。

在电梯主回路中，通常会并联错断相保护继电器，如图 6—1—2 所示。当电源发生错断相故障时，错断相保护继电器 KA_D 发生动作，可以切断控制回路电源，保证电机不在电源有故障的状态下启动。

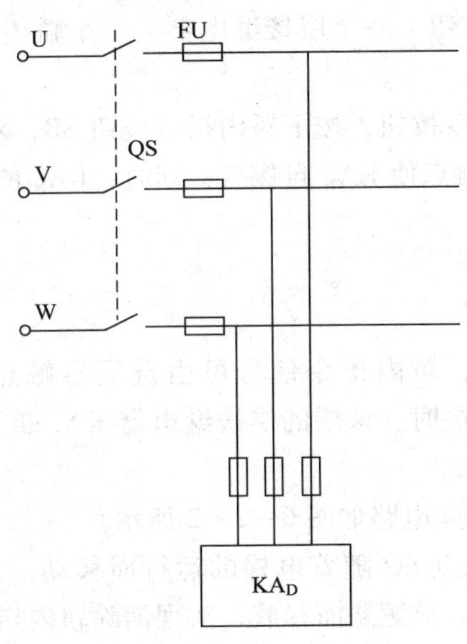

图 6—1—2　错断相保护电路

第二节　轿内指令线路

当我们站在电梯轿厢内时，从轿厢内部往外看，可以看到操纵箱安装在其右边。操作箱上对应每一层楼设一个带灯的按钮，称为内指令按钮。按下其中一个层楼按钮，只要电梯不在该层楼，按钮便亮，表示内选指令登记，当电梯到达该层楼停止时，该指令消除，按钮灯熄灭。

内指令线路构成有不同形式，下面介绍一些常见的线路。

一、轿内指令信号的登记

一般的轿内指令线路如图 6—2—1 所示。

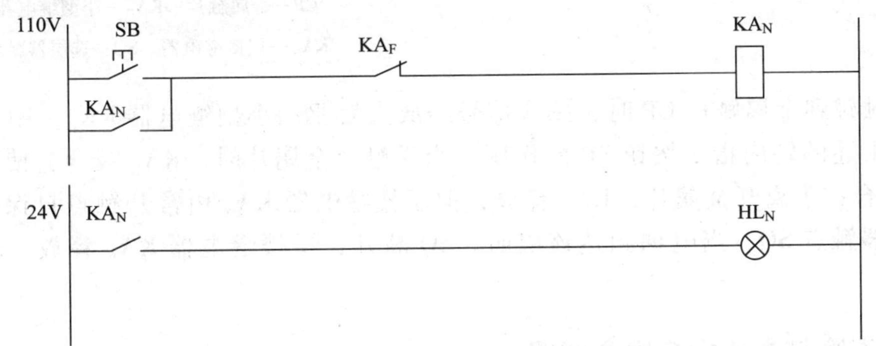

图 6—2—1　轿内指令的登记电路

SB—按钮　KA_N—轿内指令继电器　KA_F—层楼继电器　HL_N—层楼指示灯

对应每一层楼设置一个按钮、一个层楼继电器、一个轿内指令继电器、一个层楼指示灯。

图中 SB 为某层的轿内指令按钮，按下轿内指令按钮 SB，对应的轿内指令继电器吸合，松开按钮后，由 KA_N 的常开触点使 KA_N 自保持；同时，KA_N 的常开触点闭合使该楼层的指示灯亮。

二、轿内指令信号的消除

在带有选层器的电梯中，轿内指令信号可由选层器触点来消除，其线路结构如图 6—2—1 所示。当电梯到达该层时，该层的层楼继电器 KA_F 断开，轿内指令继电器 KA_N 断开，该层的轿内指令信号消除。

另一种轿内指令信号的消除电路如图 6—2—2 所示。

电梯运行时，选层器动触点 SQ 随着电梯的运行而移动，当电梯到达该层时，动触点 SQ 闭合，轿内指令继电器 KA_N 被短路而释放，实现消除轿内指令信号。

三、触摸按钮轿内指令线路

一些较高档的电梯采用触摸按钮来消号，其线路如图 6—2—3 所示。

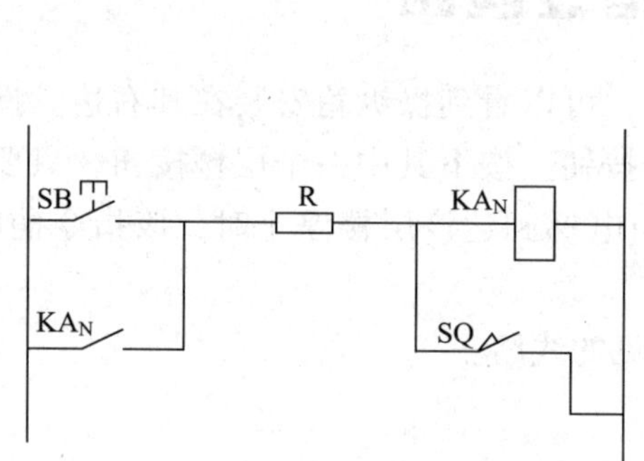

图 6—2—2　轿内指令的消除电路

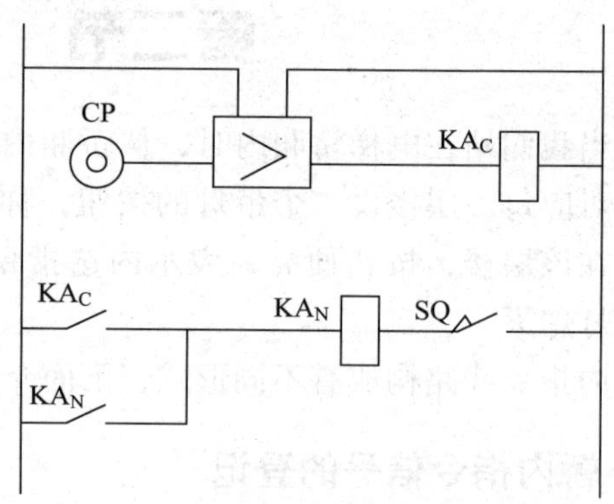

图 6—2—3　触摸按钮控制电路

CP—金属触片　KA_C—小型继电器

KA_N—层楼继电器　SQ—选层器触点

当手触碰到金属触片 CP 时，感应信号经放大后驱动小型继电器 KA_C，用 KA_C 常开触点代替上述的轿内指令按钮 SB 的作用。当手触及金属片时，KA_C 吸合，使层楼继电器 KA_N 吸合；手离开金属片，KA_C 释放，但层楼继电器 KA_N 由常开触点自保持。消号借助选层器触点 SQ，当电梯到达该层时，SQ 断开，层楼继电器 KA_N 释放，轿内选层信号消除。

四、厅外召唤与内选指令组合线路

如图 6—2—4 所示为一厅外召唤与内选指令组合电路。

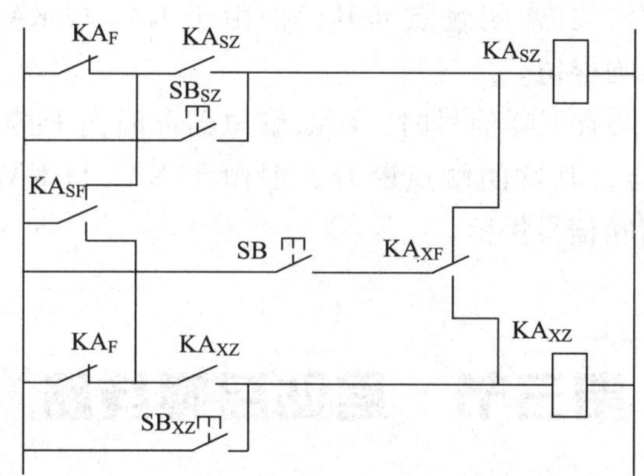

图 6—2—4 厅外召唤与内选指令组合电路

KA_F—层楼继电器 KA_{SF}—上行方向继电器 KA_{XF}—下行方向继电器

1. 厅外信号登记

按下某层上召按钮 SB_{SZ}时，电流经过上召按钮 SB_{SZ}→使继电器 KA_{SZ}得电吸合→KA_{SZ}常开触点闭合→继电器 KA_{SZ}自保持，完成上呼信号登记。

按下下召按钮 SB_{XZ}时，电流经过下召按钮 SB_{XZ}→使继电器 KA_{XZ}得电吸合→KA_{XZ}常开触点闭合→继电器 KA_{XZ}自保持，完成下呼信号登记。

2. 内选指令登记

当电梯内按下内选指令按钮 SB 时，内选指令便被登记。

电梯上行或停在某站时，下行方向继电器 KA_{XF}触点向上接通，按下内选指令按钮 SB，电流经过 SB→下行方向继电器 KA_{XF}使继电器 KA_{SZ}得电吸合→KA_{SZ}常开触点闭合→继电器 KA_{SZ}自保持，完成上呼信号登记。

电梯下行时，下行方向继电器 KA_{XF}触点向下接通，按下内选指令控钮 SB，电流经过 SB→下行方向继电器 KA_{XF}使继电器 KA_{XZ}得电吸合→KA_{XZ}常开触点闭合→继电器 KA_{XZ}自保持，完成下呼信号登记。

3. 消除登记信号

如果电梯上行，上行方向继电器 KA_{SF}吸合，而其接点向下接通，当电梯到达呼梯层时，层楼继电器 KA_F 吸合，其常闭触点断开，继电器 KA_{SZ}自保持断路，完成消除登记信号。

如果电梯下行，上行方向继电器 KA_{SF}不吸合，而其接点向上接通，当电梯到达呼梯层时，层楼继电器 KA_F 吸合，其常闭触点断开，继电器 KA_{SZ}自保持断路，完成消除登记信号。

4. 反方向外召信号保留分两种情况

如果电梯下行，而下层有上呼信号时，KA_{SF}继电器此时向上接通。电梯到达上呼梯层时，层楼继电器 KA_F 吸合，其常闭触点断开，但由于 KA_{SF} 与 KA_F 接点并联，其电路由 KA_{SF}—KA_{XZ}接通，上行召唤保留。

如果电梯上行，而上层有下呼信号时，KA_{SF}继电器此时向下接通。电梯到达下呼梯层时，层楼继电器 KA_F 吸合，其常闭触点断开，但由于 KA_{SF} 与 KA_F 接点并联，其电路由 KA_{SF}—KA_{XZ}接通，下行召唤信号保留。

第三节　层站召唤线路

电梯各个层门上方或侧方一般装有厅外召唤按钮，首层和顶层各装一个按钮，其余各层装两个，一个为上行呼叫，一个为下行呼叫，按钮是自动复位式的。按钮通常接有指示灯，电压为直流 6 V、12 V、24 V，指示灯用来指示召唤有效。电梯的厅召唤信号通过门口的按钮来实现。在电气线路上，每一个按钮对应一个继电器，现在以四层电梯为例，说明其工作原理及其工作过程。电路如图 6—3—1 所示。

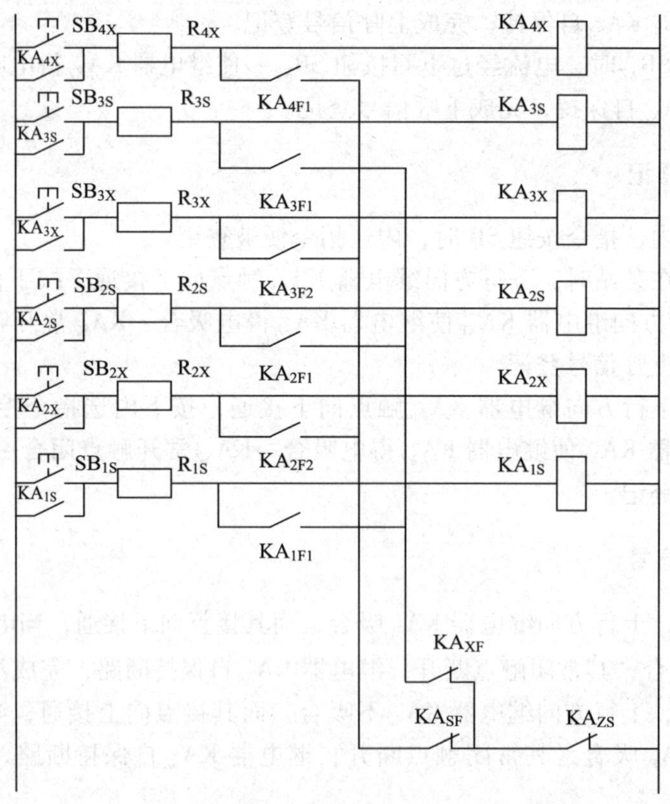

图 6—3—1　层站召唤电路

SB_{1S} ~ SB_{3S}—上呼按钮　SB_{2X} ~ SB_{4X}—下呼按钮　KA_S—上召唤继电器　KA_X—下召唤继电器　KA_F—方向继电器　KA_{SF}—上行方向继电器　KA_{XF}—下行方向继电器　R_S、R_X—限流电阻　KA_{ZS}—直驶继电器

一、工作原理

按下 SB_{3S}，电流经过 SB_{3S}→限流电阻 R_{3S}→使三层上召唤继电器 KA_{3S}得电→KA_{3S}常开触点闭合使 KA_{3S}自保持，三楼上呼信号被登记。

当电梯上行到达三楼时，三楼层楼继电器 KA_{3F} 吸合，电流经过 KA_{3F1}—KA_{XF}—KA_{ZS}，使继电器 KA_{3S}线圈短路，解除自锁，使 KA_{3S}释放、消号（消除记忆）。

线路中 R_{1S} ~ R_{3S}、R_{2X} ~ R_{4X}为防止在消除呼叫信号使线圈短路时电流过大而设置的限流电阻。

集选控制电梯一般是顺向截车，电梯的运行方式是先上行响应厅外上呼信号，然后再下行响应厅外下呼信号，如此反复。而在电梯运行时应该保留反方向呼叫信号，即在上行时应保留厅下呼信号，下行时应保留上呼信号。在图 6—3—1 中，电梯在一楼，三楼有厅上呼信号，二楼又有厅上、下呼信号，即 KA_{3S}、KA_{2S}、KA_{2X} 吸合，控制系统消除顺向截车信号，保留反向呼叫的工作原理如下：

电梯到达二楼时，下行方向继电器 KA_{XF} 失电，KA_{XF} 常闭触点闭合，电路经 KA_{2F1}→KA_{XF}→KA_{ZS}使 KA_{2S}线圈短路、释放，二楼顺向截车上呼被消除。

而上行状态中向上方向继电器 KA_{SF}吸合，KA_{SF}常闭触点断开，使所有 KA_{2X} ~ KA_{4X}都不会被短路，因此使 KA_{2X}信号得到保留，使反向截车信号不会被消除。

另外，KA_{ZS}为直驶继电器，在有司机操作时，如果司机不想在某一层停留，可按下操纵箱“直驶”按钮，使直驶继电器 KA_{ZS}吸合，则电梯在该层不停留，而该层厅召唤信号继续保持，见图 6—3—1 中 KA_{ZS}触点，当 KA_{ZS}吸合时，KA_{ZS}断路，全部已登记的上、下召唤信号不被消号。

二、工作过程

利用机械选层器的厅外召唤信号登记、消号、反向保留的线路，如图 6—3—2 所示。

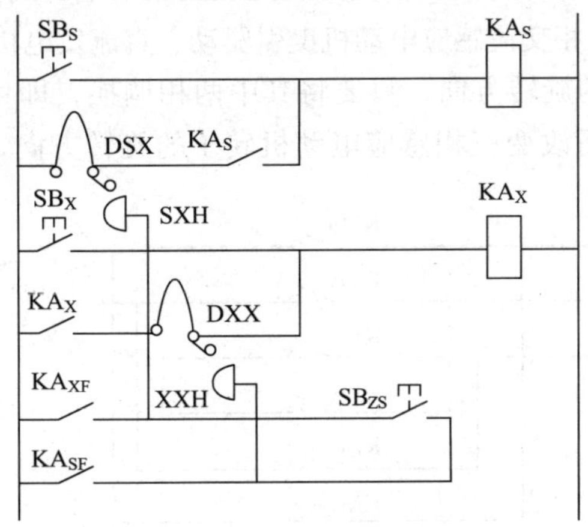

图 6—3—2 机械选层器的厅外召唤线路

SB_S、SB_X—上、下呼叫按钮 KA_S、KA_X—上、下召唤继电器 DSX、DXX—上、下行定触点 KA_{SF}、KA_{XF}—上、下方向继电器 SXH、XXH—选层器上、下行动触点 SB_{ZS}—直驶按钮

1. 信号的登记与消除

当厅外按下上呼按钮 SB_S 后，上召唤继电器 KA_S 吸合，并通过 DSX、KA_S 接点自保持，只要电梯未到达本层，此信号一直保留，由此完成上呼信号登记。

消号功能的完成是通过机械选层器的动触头 SXH 将定触点 DSX 断开，使 KA_S 线圈断电而不能自保持。这项功能是在电梯上行到达本层楼，下方向继电器 KA_{XF} 接点断开的情况下完成的。

2. 反向厅外召唤信号保留工作过程

当电梯下行时，而在下运行的某层站有上呼梯信号，即 SB_S 闭合、KA_S 闭合，当电梯下行经过本层楼时，下方向继电器 KA_{XF} 吸合使其接点闭合，选层器动触点 SXH 使其接点 DSX 断开，但电路经过下方向继电器 KA_{XF}→选层器上行动触点 SXH→使上召唤继电器 KA_S 接通，使继电器 KA_S 保持吸合，反向截车的上行厅外召唤信号仍被保留。

3. 电梯直驶功能

电梯直驶功能是通过直驶按钮 SB_{ZS} 来实现的。当电梯需要通过某层而不停靠站时，可按下 SB_{ZS} 按钮。这时只要 KA_{XF} 或 KA_{SF} 有一个触点闭合，通过 SXH 便可以使继电器 KA_S 或 KA_X 保持吸合状态。因此，电梯不论上行还是下行，厅外召唤不管顺向呼叫还是反向呼叫信号均能保留，而不被消除。

第四节　电梯的定向、选层线路

电梯的换向即改变电梯的运行方向，实际就是改变驱动电梯的电动机的旋转方向。电梯的曳引驱动包括两大类：三相交流感应电动机曳引驱动、直流发电机—电动机组曳引驱动。

改变三相感应电动机的旋转方向，只要将其中两相调换，即可改变三相感应电动机定子中旋转磁场的方向，进而改变三相感应电动机转子的旋转方向，如图 6—4—1 所示。上

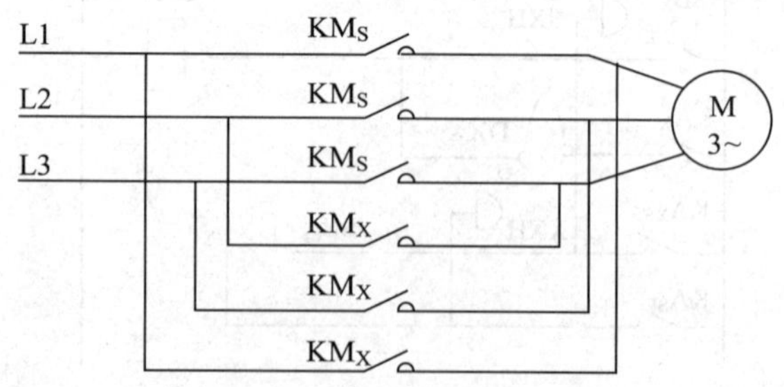

图 6—4—1　电动机正反转电路

KM_S—上行接触器　KM_X—下行接触器

行接触器 KM_S吸合时电动机正转，而下行接触器 KM_X 吸合时 L2、L3 两相互相调换，电动机反转。因此 KM_S吸合或是 KM_X 吸合决定交流电动机的旋转方向，因而决定电梯轿厢运行方向。

我们发现，可以通过上、下行接触器（继电器）改变电梯的运行方向。

如图 6—4—2 所示是一种常用的选层线路，它用于有司机操纵的信号控制电梯，具有司机选向功能。

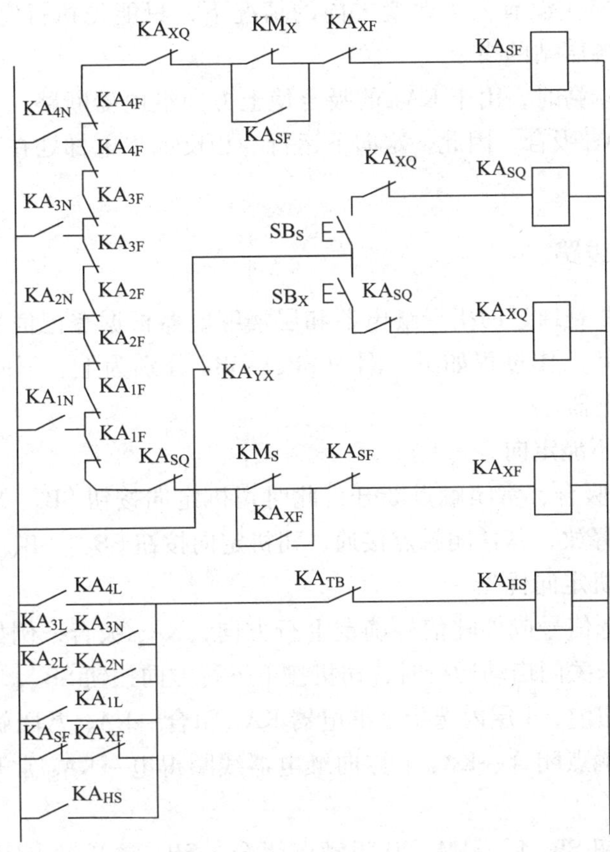

图 6—4—2　电梯定向选层线路

KA_N—内选指令继电器　KA_F—层楼指示继电器　KA_L—层站继电器　SB_S—上方向按钮　SB_X—下方向按钮
KA_{SQ}—上启动继电器　KA_{XQ}—下启动继电器　KA_{HS}—换速继电器　KA_{SF}—上方向继电器　KA_{XF}—下方向继电器
KA_{TB}—停车保持继电器　KA_{YX}—运行继电器　KM_X—下行接触器　KM_S—上行接触器

一、无司机电梯自动定向

当电梯停在某层时，本层层楼继电器 KA_F 便会吸合，此继电器的两个常闭触点均断开，即该层以上的楼层如有指令，那么上方向继电器 KA_{SF}吸合，电梯即定上方向运行；反之则电梯定下方向。

上行：如电梯在 2 层，呼叫在 4 层，4 层内选指令继电器 KA_{4N}闭合→KA_{XQ}常闭触点闭合→KM_X 常闭触点闭合→KA_{XF}常闭触点闭合→KA_{SF}上方向继电器线圈得电→KA_{SF}常开触点闭合、KA_{SF}继电器自锁→电梯上行。

下行：若电梯在 2 层，呼叫在 1 层，则经过一层内选指令继电器 KA_{1N}闭合→KA_{SQ}常闭触点闭合→KM_S常闭触点闭合→KA_{SF}常闭触点闭合→下方向继电器 KA_{XF}得电→KA_{XF}常开触点闭合、KA_{XF}继电器自锁→电梯下行。

因为上方向继电器、下方向继电器处在互锁状态，所以如果电梯已处在上行状态，即已经定了上方向，电梯在没有人为改变方向的情况下，只能先执行完上方向的各层指令，然后才能执行下方向各层站的指令。

如果电梯处在上端站时，由于 KA_{4F}的吸合使上方向继电器断路，不能吸合，无论哪一层有指令，都可使 KA_{XF}吸合，因此一定向下运行。相反如果电梯处在下端站，当有呼叫指令时也只能向上运行。

二、司机定向选层线路

司机定向选层线路是通过内指令继电器和层楼继电器根据登记信号层站和轿厢的相对位置进行自动定向。其工作过程如下：图中 SB_S、SB_X 分别为上、下向按钮，KA_{SQ}、KA_{XQ}分别为上、下启动继电器。

（1）电梯运行中不能定向

电梯运行中 KA_{YX}吸合，常闭触点断开，此时司机定向按钮 SB_S、SB_X 均不起作用，只有电梯停靠后，KA_{YX}释放，其常闭触点接通，司机定向按钮 SB_S、SB_X 才起作用。

（2）召唤指令司机定向优先

若电梯已根据内选信号或外呼信号确定上行方向，KA_{SF}吸合，例如：电梯在 2 层，呼叫在 4 层，但在电梯未关门启动运行时，司机按下下行方向按钮 SB_X，则有：

司机按下下行按钮前，4 层内选指令继电器 KA_{4N}闭合→KA_{XQ}常闭触点闭合→KM_X 常闭触点闭合→KA_{XF}常闭触点闭合→KA_{SF}上方向继电器线圈得电→KA_{SF}常开触点闭合、KA_{SF}继电器自锁→电梯上行。

按下下行方向按钮 SB_X 后，KA_{YX}常闭触点闭合→SB_X 常开触点闭合→KA_{XQ}常闭触点闭合→KA_{SQ}上行启动继电器得电吸合→KA_{SF}常闭触点断开→KA_{SF}上方向继电器失电释放，改变定向方向选择下行方向→电梯下行。

这一功能使得司机可以在电梯尚未启动运行的情况下，由司机根据实际情况决定电梯的运行方向。

三、电梯选层

图 6—4—2 中 KA_{HS}为换速继电器，KA_{TB}为停车保持继电器。电梯的选层是在轿内和厅外有指令和信号的情况下，用电梯所处的位置和运行的方向选择停靠站，并发出换速停车信号，即只有具备了指令信号，又有了位置信号时才能实现选层。当电梯到达该层时，发出换速停车信号。例如，当四层有轿内召唤指令时，KA_{4N}吸合，当电梯到达四层时，KA_{4L}

吸合，选层线路工作过程如下：

内选指令继电器 KA_{4N}常开触点闭合→层站继电器 KA_{4L}常开触点闭合→KA_{HS}换速继电器得电吸合→KA_{HS}常开触点闭合，自锁→发出换速停车信号。

在电梯停靠后停车保持继电器 KA_{TB}的常开触点断开，解除换速继电器 KA_{HS}自保持，继电器 KA_{HS}断电释放。

四、电梯无方向换速

所谓无方向换速是指当电梯在既没有轿内指令也没有厅外召唤信号时，电梯应立即换速并在就近层站停靠。图 6—4—2 中上、下方向继电器 KA_{SF}、KA_{XF}的常闭触点串联起来，就是为实现无方向时换速而设计的信号。当 KA_{1N}、KA_{2N}、KA_{3N}、KA_{4N}释放时，上、下方向继电器 KA_{SF}和 KA_{XF}也释放，KA_{SF}和 KA_{XF}的常闭触点闭合，电梯呈现无方向状态。这时换速继电器 KA_{HS}通过 KA_{SF}—KA_{XF}—KA_{TB}得电自保持，发出换速信号，使电梯轿厢在就近层站停靠。

第五节 换速控制线路

通过图 6—5—1 对几种换速控制进行分析。

一、顺向呼梯换速

当电梯有司机操纵时，电梯的外召唤（上、下）不能定向，但是有顺向截梯的功能。例如四层有轿内指令，电梯正在上行中，此时启动继电器 KA_Q 的常开触点吸合，如果三层楼有厅外上行呼梯信号，则 KA_{3S}吸合，电梯顺向截梯的工作原理如下：

电梯将要到达三层时，电源经过运行继电器 KA_{YX}→启动继电器 KA_Q→无司机继电器 KA_{WS}→三层厅外上召唤继电器 KA_{3S}→三层内选继电器 KA_{3N}→三层层站继电器 KA_{3F}→三层内选继电器 KA_{3N}→三层厅外上召唤继电器 KA_{3S}→下方向继电器 KA_{XF}→直驶继电器 KA_{ZS}→使 KA_{HS}吸合换速逐渐停止电梯运行。

当电梯到达指定楼层→电梯开门→KA_{MS}继电器失电→KA_{MS}常开触点断开→KA_{HS}继电器自保持解除，电梯换速状态结束。

二、轿内指令换速

当电梯内选有指令时，电梯便按指令要求在将要到达的层站换速停梯。轿内指令换速的工作原理如下：

二层内选后，电梯将要到达二层时，二层层站继电器 KA_{2F}吸合。

电源经二层内选继电器 KA_{2N}→二层层站继电器 KA_{2F}→二层内选继电器 KA_{2N}→直驶继电器 KA_{ZS}使换速继电器 KA_{HS}吸合换速逐渐停止电梯运行。

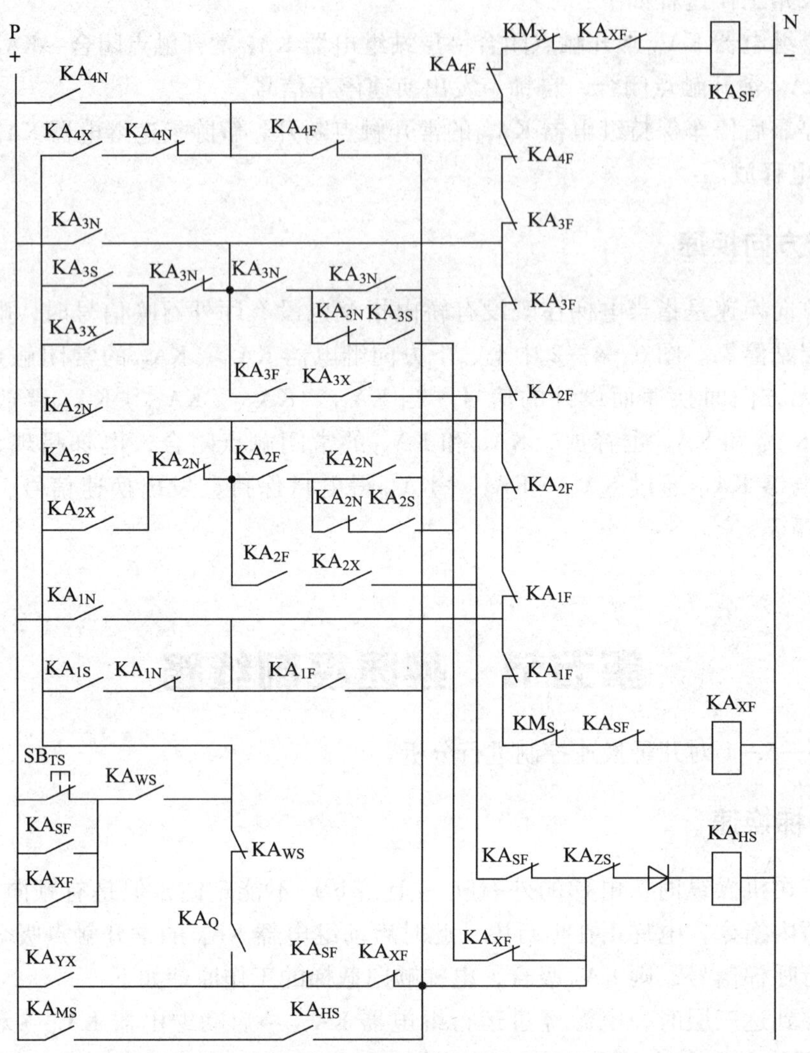

图 6—5—1　电梯换速线路

KA_N—内选继电器（开关）　KA_S—厅外上召唤继电器（开关）　KA_X—厅外下召唤继电器（开关）　KA_F—层站继电器

KM_S—上行接触器　KM_X—下行接触器　KA_{SF}—上方向继电器（或触点）　KA_{XF}—下方向继电器（或触点）

KA_Q—启动继电器（开关）　KA_{MS}—门锁继电器（开关）　KA_{ZS}—直驶继电器（触点）

KA_{HS}—换速继电器（开关）　KA_{WS}—无司机继电器（触点）　KA_{YX}—运行继电器（开关）

由于在厅外召唤继电器后面串联了一个内选继电器的常闭触点，所以轿内选层信号优先于各层层站厅外召唤信号，即当空轿厢电梯被某层大厅乘客召唤到达该层站后，乘客可进入电梯轿厢内而按下内选按钮确定电梯运行方向。若乘客虽进入轿厢内而尚未按下内选按钮前（即电梯尚未定出方向），出现其他层站的大厅召唤信号时，如这一召唤信号使电梯的运行方向有别于已进入轿厢内的乘客要求电梯的运行方向，则电梯的运行方向应按已进入轿厢内的乘客要求而定向，而不是根据其他层楼大厅乘客的要求而定向，这就是所谓的“轿内优先于厅外”。但一旦确定出电梯运行方向后，再有其他层站的召唤信号就不能改变

电梯已确定的运行方向了。

三、厅外召唤信号换速

电梯在无司机运行状态下（KA_{WS}吸合），响应层站厅外召唤信号的换速线路工作原理如下：

假如电梯处在一层，三层楼有上呼信号，则电源经 SB_{TS}→无司机继电器 KA_{WS}→三层厅外上召唤继电器 KA_{3S}→三层内选继电器 KA_{3N}→三层层站继电器 KA_{3F}→三层内选继电器 KA_{3N}→三层厅外上召唤继电器 KA_{3S}→下方向继电器 KA_{XF}→直驶继电器 KA_{ZS}，使换速继电器 KA_{HS}吸合，发出换速信号逐渐停止电梯运行。

假如电梯处在四层，二层楼有下呼信号，则电源经 SB_{TS}→无司机继电器 KA_{WS}→二层厅外下召唤继电器 KA_{2X}→二层内选继电器 KA_{2N}→二层层站继电器 KA_{2F}→二层厅外下召唤继电器 KA_{2X}→上方向继电器 KA_{SF}→直驶继电器 KA_{ZS}，使换速继电器 KA_{HS}吸合，发出换速信号逐渐停止电梯运行。

四、电梯无方向换速

所谓无方向换速是指当电梯在没有轿内指令和厅外召唤信号或轿内指令和厅外召唤信号已全部消除时，电梯应立即换速并在就近层站停靠。电梯无方向换速工作原理如下：

当电梯无轿内指令和厅外召唤信号时，上、下方向继电器 KA_{SF}、KA_{XF}均处于失电状态，如果电梯处于运行状态，则：

电源经过运行继电器 KA_{YX}→上方向继电器 KA_{SF}→下方向继电器 KA_{XF}→直驶继电器 KA_{ZS}，使换速继电器 KA_{HS}吸合，发出换速信号，使电梯在运行方向上的就近层站停靠。

五、最远反向呼梯换速

为保证最远层站的乘客乘用电梯，往往要求电梯完成最远层站乘客的要求后，方能改变运行方向，即最远呼梯换速。最远反向呼梯换速电路的工作原理如下：

当电梯停在一层时，如果二层、三层有厅外下行召唤信号时，二、三层厅外下召唤继电器 KA_{2X}、KA_{3X}吸合，则：

电源经 SB_{TS}→无司机继电器 KA_{WS}→三层厅外下召唤继电器 KA_{3X}→三层内选继电器 KA_{3N}→三层层站继电器 KA_{3F}→四层层站继电器 KA_{4F}→下行接触器 KM_X→下方向继电器 KA_{XF}，使上方向继电器 KA_{SF}吸合，使电梯上行。

当电梯到达二层时，虽然二层层站继电器 KA_{2F}断开，但是由于三层的呼叫信号仍然存在，上方向继电器 KA_{SF}仍然处在得电状态，因此电梯继续上行；当到达三层时，三层层站继电器 KA_{3F}断开，上方向继电器 KA_{SF}断电。同时：

电源经运行继电器 KA_{YX}→上方向继电器 KA_{SF}→下方向继电器 KA_{XF}→直驶继电器 KA_{ZS}，使换速继电器 KA_{HS}吸合，发出换速信号，使电梯在运行方向上的就近层站停靠。

六、直驶信号换速

当电梯不能在某层停梯时，电梯操纵盘上的“直驶”按钮按下，使电梯通过，达到不停梯的要求。当需要在某层停梯时，可在电梯到达该层前松开“直驶”按钮，使 KA_{ZS}接点接触，KA_{HS}便有了通路，因此，可以达到换速停车的目的。

第六节　平层控制线路

电梯的平层是指电梯轿厢地坎与层站厅门地坎平面达到同一平面的动作，平层控制过程决定了电梯的平层准确度。在电梯电气控制系统完成了拖动系统的制动换速过程以后，就进入了自动平层停车过程。这一过程中控制系统需要适时而准确地发出平层停车信号，从而使电梯轿厢准确的停靠在目的层站上，同时满足国家标准对平层的要求。

一、平层器

为了保证电梯的平层准确度，通常在轿顶设置平层器。平层器由三个干簧管感应器构成，如图 6—6—1 所示。

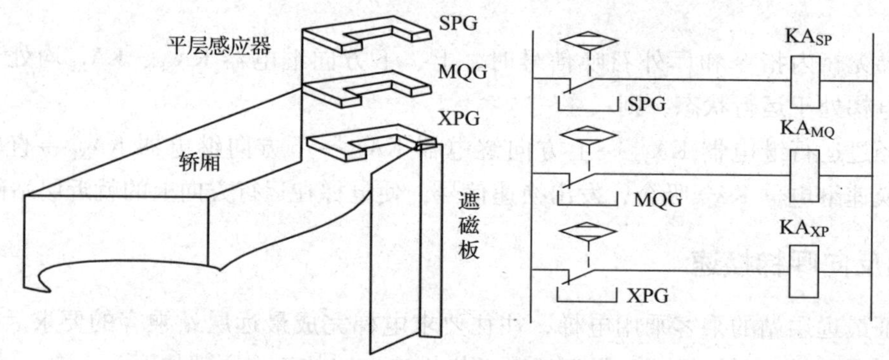

图 6—6—1　平层感应器原理图

SPG—上平层感应器　MQG—门区感应器　XPG—下平层感应器　KA_{SP}—上平层继电器

KA_{MQ}—门区继电器　KA_{XP}—下平层继电器

当电梯处于平层位置时，遮磁板处于三个感应器内，三个感应器的间距可在安装调试中调整，在直流电梯上约为 15 cm，遮磁板安装在井道内。三个感应器分别称上平层感应器 SPG、门区感应器 MQG 和下平层感应器 XPG。

电梯上行时，井道内遮磁板依次插入上平层感应器 SPG、门区感应器 MQG、下平层感应器 XPG 三个感应器内。电梯下行时插入次序相反。在电梯平层时，遮磁板同时插入三个感应器中。

线路上用感应器触点驱动三个继电器，即上、下平层继电器 KA_{SP}和 KA_{XP}、门区继

电器 KA_{MQ}。在平层位置，遮磁板插入三个干簧感应器中，三个触点 SPG、MQG、XPG 闭合，KA_{SP}、KA_{MQ} 和 KA_{XP} 吸合。当遮磁板不在感应器中时，感应器的触点断开，对应的继电器释放。

二、交流电梯平层控制线路

交流电梯平层控制线路如图 6—6—2 所示。现对平层控制过程进行分析说明。

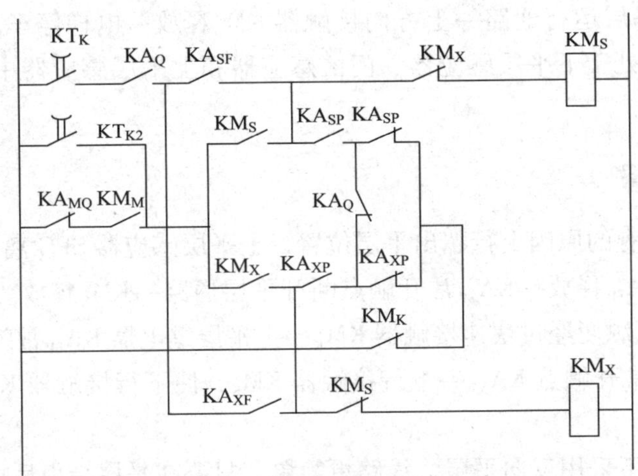

图 6—6—2　交流电梯平层控制线路图

KA_{MQ}—门区继电器　KA_{SP}、KA_{XP}—上、下平层继电器　KA_{SF}、KA_{XF}—上、下方向继电器　KM_M—慢速接触器　KM_K—快速接触器　KA_Q—启动继电器　KT_K、KT_{K2}—快车时间继电器延时断开触点　KM_S、KM_X—上、下方向接触器

1. 启动运行

启动继电器 KA_Q 吸合，快车继电器 KT_K 吸合，此时平层电路的工作原理如下：

电源经快车继电器延时断开触点 KT_K→启动继电器 KA_Q→上方向继电器 KA_{SF} 常开触点闭合→下方向接触器 KM_X 常闭触点闭合，使上方向接触器 KM_S 得电，电梯启动向上运行。

当电梯慢速接触器 KM_M 吸合时：

电源经门区继电器 KA_{MQ}→慢速接触器 KM_M 闭合→上方向接触器 KM_S 闭合→下方向接触器 KM_X 常闭触点闭合，使上方向接触器 KM_S 得电，此时电梯减速继续上行。

其中快车继电器延时断开触点 KT_{K2} 在启动继电器 KA_Q 断开，而慢速接触器 KM_M 尚未闭合的短时间间隔中维持上方向接触器 KM_S 得电，填补这一时间空白。

2. 平层

当遮磁板插入门区感应器 MQG 时，门区继电器 KA_{MQ} 常闭触点断开，使得经门区继电器 KA_{MQ}→慢速接触器 KM_M→上方向接触器 KM_S→下方向接触器 KM_X，使上方向接触器 KM_S 得电的电源通路断开。

而当遮磁板插入上平层感应器 SPG 时，上平层继电器 KA_{SP} 得电吸合：

电源经快速接触器 KM_K→下平层继电器 KA_{XP}→启动继电器 KA_Q→上平层继电器常开触点 KA_{SP}→下行接触器 KM_X，使上行接触器吸合，电梯以慢速度（由换速线路切换）继续上行。

3. 停车

当遮磁板先后插入门区感应器 MQG 和下平层感应器 XPG 时→下平层继电器 KA_{XP}吸合→KA_{XP}接点断开平层运行通路→上方向接触器 KM_S释放→电梯停车。

此时遮磁板同时处于下平层感应器、门区感应器和上平层感应器中，电梯刚好平层准确。

4. 超程反向平层

如果电梯因不应有的原因上行超出平层位置，上平层感应器 SPG 离开遮磁板，此时：

上平层继电器 KA_{SP}释放→KA_{SP}常开触点断开平层通路→KM_S释放。但同时由于下平层继电器 KA_{XP}闭合→电源便经过快速接触器 KM_K→上平层继电器 KA_{SP}常闭触点→启动继电器 KA_Q→下平层继电器常开触点 KA_{XP}→上行接触器 KM_S，使下行接触器 KM_X吸合→电梯以慢速反向平层。

目前的电梯大多不采用反向平层，线路更简单，只要在平层结束后由 KA_{SP}或 KA_{XP}常闭触点断开 KM_S或 KM_X就可以了。

第七节　自动开关门线路

为了实现自动开、关门，电梯对自动开、关机构（或称自动门机系统）的功能有确定的要求，同时为了保证安全，减少开、关门的噪声，往往要求自动门机系统能进行速度调节。

一、电梯自动门机系统的功能

自动门机构必须随电梯轿厢移动，即要求把自动门机构安装于轿厢顶上，除了能带动轿厢门启闭外，还应能通过机械的方法，使电梯轿厢在各个层楼平面处（或层楼平面的上、下 200 m 的安全开门区域内）时，能方便地使各个层站的层门也能随着电梯轿厢门的闭合而同步启闭。

当轿厢门和某层楼的层门闭合后，应由电气机械设备的机械钩子和电气接点予以反映和确认。

二、门机速度调节方法

为了使电梯的轿厢门和某层层门在启闭过程中达到快、稳的要求，必须对自动门机系

统进行速度调节，以满足对自动门机系统的要求。一般调速方法有：用小型直流伺服电动机作自动门机驱动力时，常用电阻的“串、并联”调速方法，或称电枢分流法；用小型三相交流转矩电动机作自动门机的驱动力时，常用施加与电动机同轴的涡流制动器的调速方法。

直流门电动机调速方法简单，低速时发热较少，交流门电动机在低速时电动机发热厉害，对三相电动机的堵转性能及绝缘要求均较高。

下面主要介绍直流门电动机的控制系统。

直流门电动机控制系统，是采用小型直流伺服电动机作为驱动装置。这种控制系统使开门机系统具有传动结构简单、调速简便等优点。图 6—7—1 是一种常见的直流门电动机主控制电路。门机的工作状态有三种，分别是快速、慢速、停止，对开关门电路的要求是：

关门时：快速—慢速—停止。

开门时：快速—慢速—停止。

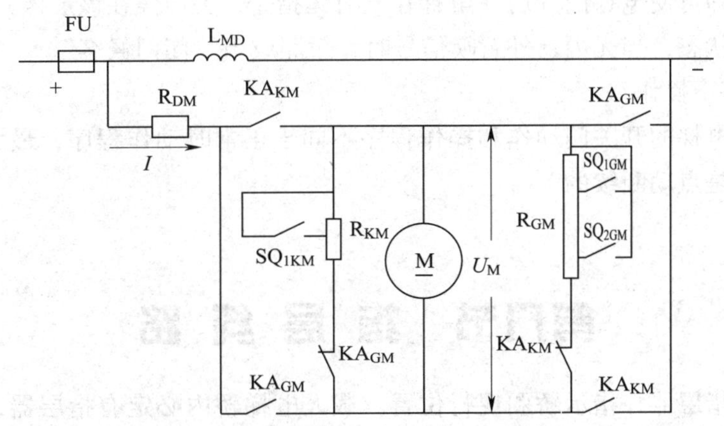

图 6—7—1　直流门电机工作原理图

M—门电动机　L_{MD}—开关门直流电动机励磁绕组　FU—熔断器　R_{MD}—可调电阻

KA_{KM}—开门继电器（开关）　KA_{GM}—关门继电器（开关）　R_{KM}—低速开门分流电阻

R_{GM}—低速关门分流电阻　SQ_{KM}—开门限制开关　SQ_{GM}—关门限制开关

图 6—7—1 中 M 为门电动机，L_{MD}为 M 的励磁绕组，其中流过的电流大小和方向是不变的。门电动机旋转方向的改变，只要改变门电动机 M 的电枢极性便可实现，从而完成开门和关门的功能。其工作过程如下：

（1）关门

关门继电器 KA_{GM}吸合→门电动机 M 向关门的方向旋转。

SQ_{1GM}闭合→电流 I 增大→电阻 R_{MD}上的分压增大→U_M减小→速度降低。

SQ_{2GM}闭合→电流 I 增大→电阻 R_{MD}上的分压再增大→U_M再减小→速度再降低。

当门碰撞关门极限开关→使关门继电器 KA_{GM}释放→电动机停止转动，门停止运行。

(2) 开门

开门继电器 KA_{KM}吸合→门电动机 M 向开门方向旋转。

SQ_{1KM}闭合→电流 I 增大→电阻 R_{DM}上的分压增大→U_M减小→速度降低。

当门碰撞开门极限开关→开门继电器 KA_{KM}释放→电动机停止转动，门停止运行。

门的自动开关过程的操纵可分以下三种情况：

- 有司机操作

在有电梯运行方向情况下，司机按下轿内操纵箱上已亮的方向按钮，即可使电梯自动进入关门控制状态。在电梯门尚未完全闭合之前，如发现有乘客进入电梯轿厢，司机只要按下轿内操纵箱上的开关按钮即可使门重新开启。

- 无司机操作

电梯到达某层站后一定时间（时间事先设定），则自动关门，若该层有乘客需用梯，只需按下层站按钮即可使电梯门开启（电梯在当时无指令，关门停在该层楼）。

无司机操作状态，当无内、外召唤信号时，轿厢应当“闭门候客”。

- 检修状态下操作

检修状态下电梯的开关门动作和操作程序不同于正常时动作程序，最大的区别在于电梯门的开和关均是点动断续的。

第八节　指 层 线 路

电梯都配有指层器，指示轿厢现行位置。载人电梯轿内必定有指层器，而厅门上指层器则视不同情况而定。通常层站数目不多的电梯每层都有指层器，然而随着电梯速度的提高，现代的电梯很多取消了厅外指层器，或者只保留基站指层器，而在电梯到达召唤层时采用声光预报：如在电梯将要到达时，报站钟发出“叮叮当”的声音，同时方向灯闪动，指示电梯的运行方向。

一、实现指层

选层方法获得，主要指利用机械选层器的动、静触点的通断取得或消除，如图 6—8—1 所示。

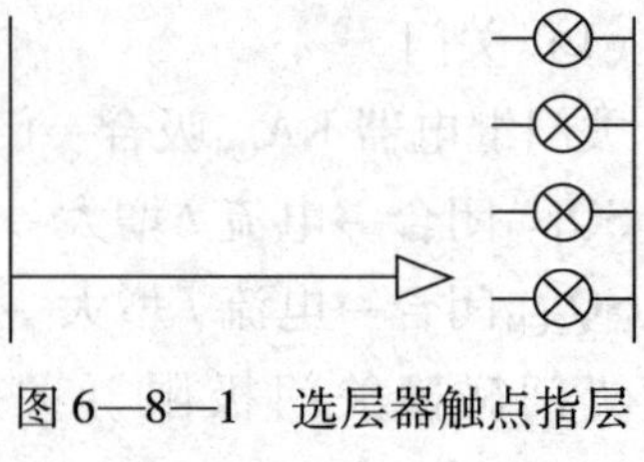

图 6—8—1　选层器触点指层

对于无选层器的电梯，可在电梯井道内每一个层站安一个感应器，当安装在轿厢顶上的遮磁板经过感应器时，遮磁板使每层感应器动作，使相应的层楼继电器吸合，发出指层信号，如图 6—8—2a 所示。但是这种方

法不能产生连续指层信号，必须附加继电器才能获得连续的指层信号，如图 6—8—2b 所示。

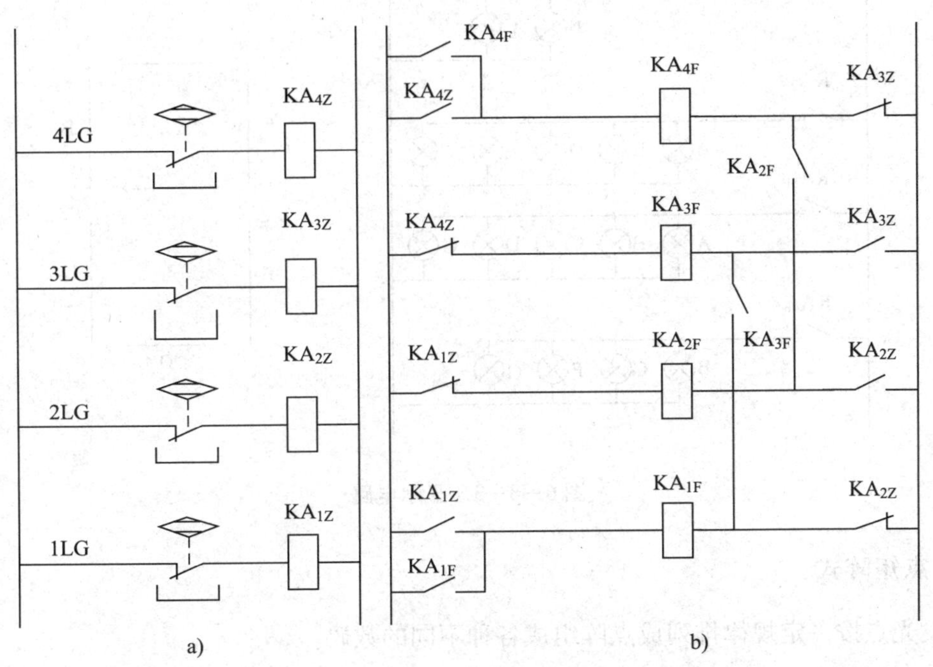

图 6—8—2 指层线路

LG—层楼感应器 KA_Z—层楼继电器 KA_F—层楼指示继电器

其工作过程是：

当电梯在一层时 1LG 动作→KA_{1Z}吸合→层楼指示继电器 KA_{1F}吸合→KA_{1F}得电自保持。

同理，当电梯在二层时，KA_{2F}得电，同时 KA_{2Z}的常闭触点断开，KA_{1F}的回路断开。三层、四层的情况依次类推。

二、层楼指示器

电梯轿厢内和厅门口均设有指层灯或其他形式的指层装置，有数码管显示方式等，通常有如下形式：

1. 字形重叠式

即将不同的数码重叠起来，需要显示某数时相应的电极发亮。

2. 分段式

有七段和八段式数码管，它是将数码分布在一个平面上，由若干段发光的笔画组成各种数字码显示。电路如图 6—8—3 所示。

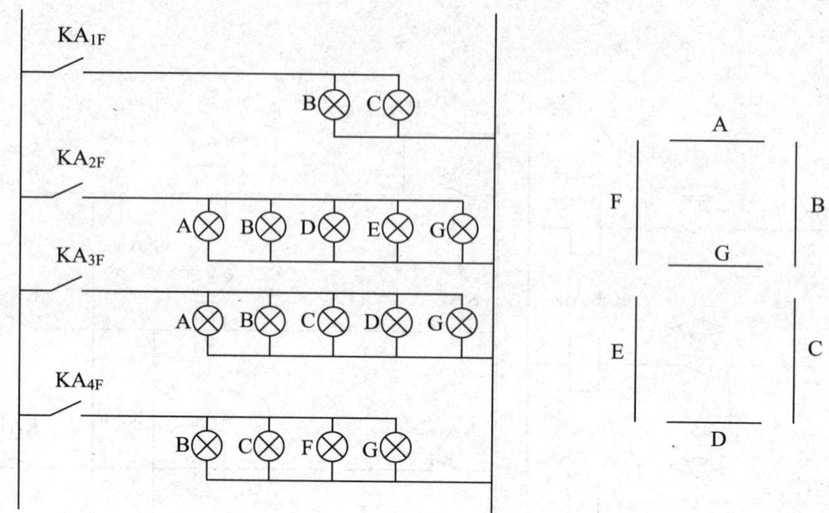

图 6—8—3　显示电路

3. 点矩阵式

由发光点按一定规律排列成点阵组成各种不同的数码。

4. 发光二极管式

由发光二极管排列组成不同的显示段，由各种不同的显示段构成各种数码显示。

第九节　检修运行线路

根据国家标准的规定，各种型号的电梯均设有检修（慢速）运行线路，其操纵由设在轿厢顶的控制开关来实现，在实际电梯设备中常常通过在轿厢顶、轿厢内以及控制柜上设置的检修开关来实现。

我国国家有关标准规定，轿厢顶应有检修开关，并应符合下列要求：

（1）上、下行只能点动。

（2）一个开关在操纵电梯运行时，另一个开关不起作用。

（3）轿厢检修速度不应超过 0. 63 m/s。

（4）开门运行的按钮，只有慢速检修运行时才起作用。

（5）不应超过轿厢正常的行程范围。

在检修运行时通过检修继电器切断内指令、厅外上下召唤回路、平层回路、减速回路、高速运行回路，有些电梯还切断厅外指层回路。

如图 6—9—1 所示为交流双速电梯检修线路。

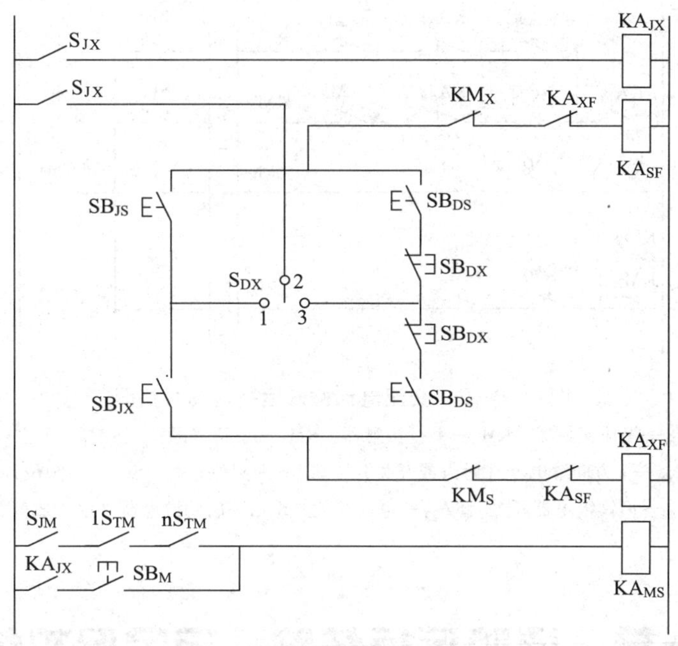

图 6—9—1　交流双速电梯检修线路

S_{JX}—检修开关　KA_{JX}—检修继电器　S_{DX}—轿顶检修开关　SB_{JS}、SB_{JX}—轿内上、下行按钮　KA_{SF}、KA_{XF}—上、下方向继电器　KM_S、KM_X—上、下行接触器　KA_{MS}—门锁继电器　SB_M—门按钮　S_{TM}—厅门联锁开关　S_{JM}—轿门联锁开关　SB_{DS}—轿顶慢上按钮　SB_{DX}—轿顶慢下按钮

合上检修开关 S_{JX}，KA_{JX}得电接通检修按钮电源。

S_{DX}置于 1，处在轿内检修状态。

按下轿内上行按钮 SB_{JS}，电源经 KA_{JX}→SB_{JS}→KM_X→KA_{XF}，使上方向继电器 KA_{SF}得电，电梯以检修速度上行。

按下轿内下行按钮 SB_{JX}，电源经 KA_{JX}→SB_{JX}→KM_S→KA_{SF}，使下方向继电器 KA_{XF}得电，电梯以检修速度下行。

S_{DX}置于 3，处在轿顶检修状态。

按下 SB_{DS}，电源经 KA_{JX}→S_{DX}→SB_{DX}→SB_{DS}→KM_X→KA_{XF}，使上方向继电器 KA_{SF}得电，电梯以检修速度上行。

按下 SB_{DX}，电源经 KA_{JX}→S_{DX}→SB_{DS}→SB_{DX}→KM_S→KA_{SF}，使下方向继电器 KA_{XF}得电，电梯以检修速度下行。

图 6—9—2 为交流电梯检修运行接触器控制线路，KM_S、KM_X、KM_K、KM_M的末端串有门联锁继电器触点 KA_{MS}，即电梯只有关好门才能运行，但在检修状态下允许开门行梯，按下图 6—9—1 中 SB_M按钮，则 KA_{MS}吸合，不管门是否关好，电梯可以运行，触点 KA_{JX}保证只有在检修状态下才可以开门行梯。SL_S与 SL_X分别为上、下限位开关，当电梯在检修状态下运行超过上、下限位开关时，SL_S或 SL_X会相应地发生动作，从而切断上、下行接触器使电梯停止。

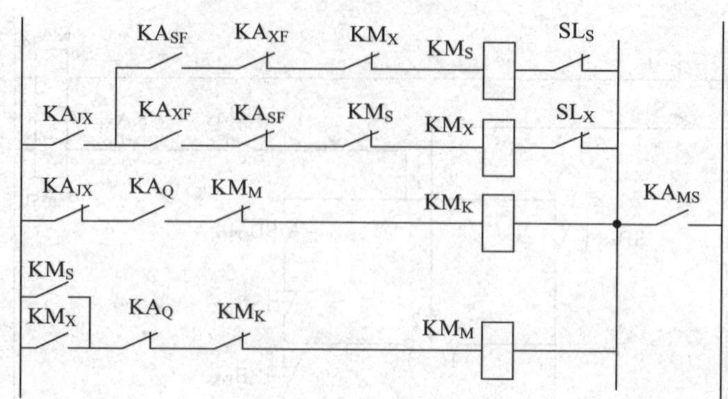

图6—9—2　交流电梯检修运行拖动线路图

KM_K—快速接触器　KM_M—慢速接触器　KM_S—上行接触器　KM_X—下行接触器　KA_{SF}—上方向继电器（触点或开关）
KA_{XF}—下方向继电器（触点或开关）　SL_S—上限位开关　SL_X—下限位开关
KA_{MS}—门锁继电器开关　KA_{JX}—电器开关　KA_Q—启动继电器（触点或开关）

第十节　消防运行线路、安全保护线路

一、消防运行

当建筑物发生火灾时，必须封闭电梯井道，关闭厅门，因为电梯井道会形成一条风道，加速大火的燃烧。同时，为了乘客的安全，应将乘客送往基站，脱离现场。在消防人员到达现场时能借助电梯救援、灭火。

具有消防运行功能的电梯在基站装有消防开关，平时消防开关用有机玻璃板封闭，不能随意按动开关，而在火灾时用硬物打碎面板，按下消防开关，电梯即进入消防状态。

消防运行包括两种状态：消防返基站和消防员专用。

1. 消防返基站功能

主要包括：

（1）消除内指令，厅召唤。

（2）将门关闭，断开门回路，但安全触板仍起作用。

（3）电梯如果正处于上行中，则立即在最近层停靠，不开门，然后返基站。

（4）如果电梯处于下行中，则直接返基站。

（5）开门中的电梯立即关门返基站。

（6）如果电梯已在基站待机，则立即开门进入消防员专用状态。

2. 消防员专用状态

具有下列功能：

（1）厅外召唤无效。

（2）恢复轿内指令按钮功能，以便消防人员操作。

（3）实行开门待机。

（4）关门按钮无自保持功能，即应紧按关门按钮直至门关闭，电梯启动，方可松手。关门过程中如松开按钮，门自动打开。

（5）切除自动返基站功能（如果原来有）。

（6）轿内指令一次有效，包括选层、关门按钮指令。

二、安全保护线路

为防止电梯的剪切、挤压、坠落和撞击事故的发生，电梯通常设置有一整套的安全保护措施。这些安全保护装置大多数都是由机械和电气安全装置相互配合而构成的。它们的主要作用就是当某一安全开关动作时，电梯可以切断电源或控制回路部分的线路，使电梯停止运行。常见的交流双速电梯安全保护线路如图 6—10—1 所示。

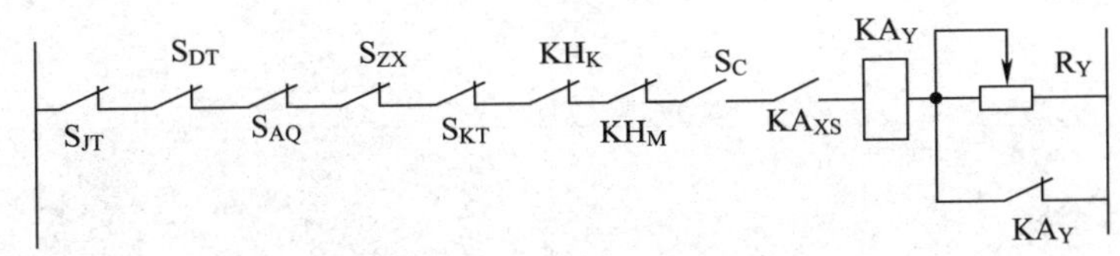

图 6—10—1　电梯安全保护线路

S_{JT}—轿内急停开关　S_{DT}—轿顶急停开关　S_{AQ}—安全钳开关　S_{ZX}—终端极限开关　S_{KT}—底坑急停开关
KH_K—快车热继电器（触点）　KH_M—慢车热继电器（触点）　S_C—安全窗开关
KA_{XS}—相序继电器（触点）　KA_Y—运行继电器　R_Y—运行安全电阻

当以上这些开关动作时会使运行继电器 KA_Y 失电动作，切断电梯的控制回路，使电梯停止运行。还有些安全开关也可串在安全继电器 KA_{AQ} 线路中，如安全钳的断绳开关，电梯轿底的超载开关，电梯超速开关等。

安全保护线路开关按功能可划分为：

1. 人为动作的开关

（1）轿内急停开关（S_{JT}）

对信号控制电梯一般设在操纵箱上；对集选控制电梯，常设置在专用盒内，采用非自动复位开关。

（2）轿顶急停开关（S_{DT}）

设置在轿顶检修箱上，由检修人员在轿顶工作时操作。

（3）底坑急停开关（S_{KT}）

设置在底坑检修箱上，由检修人员在底坑工作时操作。

2. 安全运行开关

（1）安全窗开关（S_C）。

（2）安全门开关。

（3）安全钳开关（S_{AQ}）。

（4）限速器断绳开关（S_{ZX}）。

（5）限速器超速开关（KA_{AQ}）。

（6）缓冲器开关。

3. 电力拖动系统保护触点

（1）快速绕组热继电器（KH_K）。

（2）慢速绕组热继电器（KH_M）。

（3）错断相继电器（KA_{XW}）。

第七章　常规保养

第一节　机　房

一、盘车救人

所谓盘车即手动盘车。盘车救人就是将盘车轮装于电梯的曳引主机轴上，利用人工盘车的方式使电梯轿厢运行至平层位置，释放被困乘客的操作过程。（适用于有齿轮曳引机）

主要步骤如下：

1．盘车救人前的准备

（1）在电梯基站放置护栏，如图 7—1—1 所示。

（2）打开机房照明，如图 7—1—2 所示。

图 7—1—1

图 7—1—2

（3）查看维修保养交接表，查看表上电梯是否有特殊的维修项目和故障记录，如图 7—1—3 所示。

（4）与乘客对话，如图 7—1—4 所示。

1）首先要安抚乘客。

①告知电梯里很安全（无坠落危险），乘客无须扒开厅门出来。

②告知乘客会迅速处理并使用安全方法进行营救，再一次告诉乘客不要惊慌。

2）与乘客交谈，确认情况。

①轿厢内有几名乘客？

②乘客中有无患者、受伤人员及需要得到特殊帮助的人员？

图 7—1—3

图 7—1—4

③轿厢内是否有照明？

④轿厢门开闭状态？

3）告知乘客注意事项。

①乘客应站在远离轿厢门处。

②乘客不应随意走动，并告知乘客不要随意按动按钮及开关。

（5）断开电梯总电源（但不应断开轿厢照明通风及报警装置的电源），如图 7—1—5 所示。

（6）断开控制柜电源，确保电梯处于断电状态，防止在进行盘车救人过程中，有人误操作，启动电梯运行，如图 7—1—6 所示。

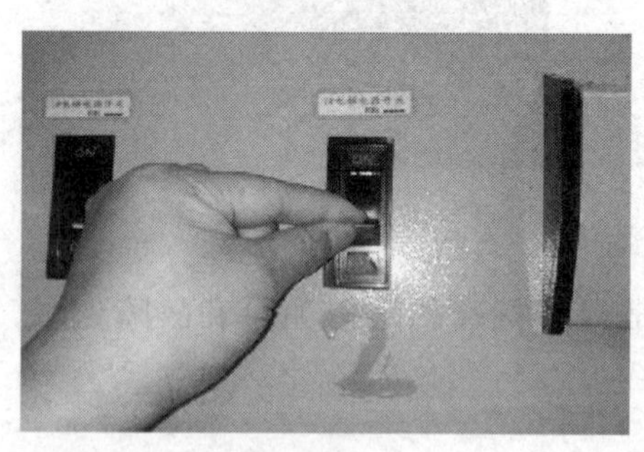
图 7—1—5

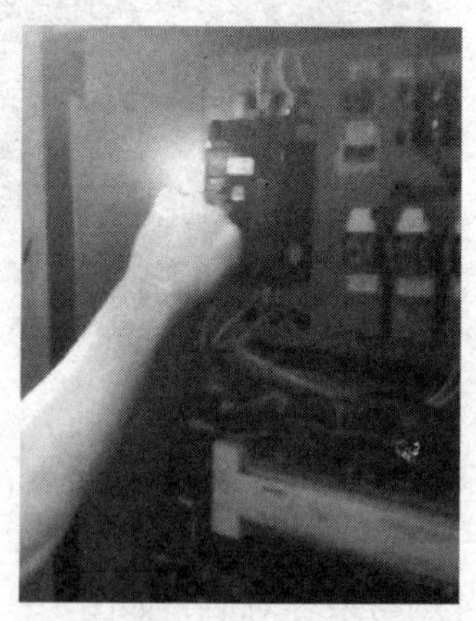
图 7—1—6

（7）其他准备

1）打开井道照明，如图 7—1—7 所示。

2）打开机房紧急停止开关，如图 7—1—8 所示。

3）确认轿厢位置。通过三方对讲系统和电梯控制系统确认电梯轿厢所在位置，或通过观察钢丝绳上的平层标记确认轿厢是否在平层位置，如图 7—1—9 所示。

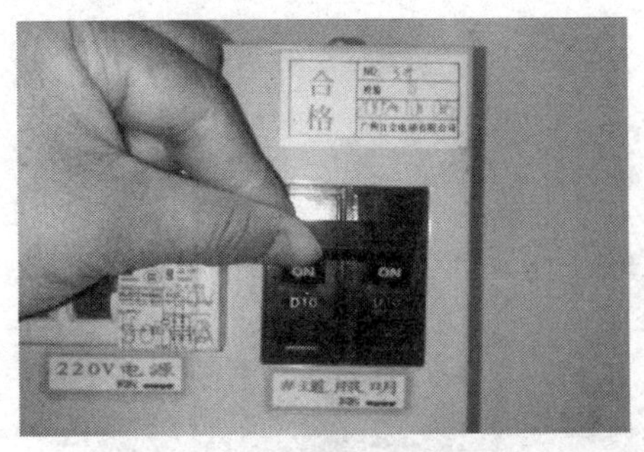

图 7—1—7

图 7—1—8

图 7—1—9

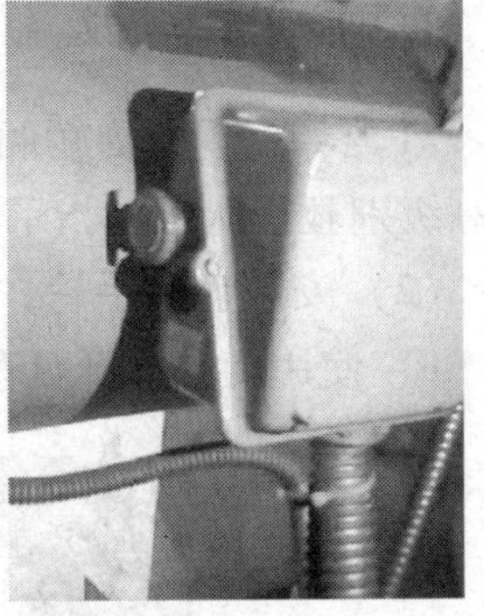

图 7—1—10

2. 判断电梯可否正常运行并解救乘客

经检查电梯可正常运行，复位电梯各开关，使电梯正常运行，电梯轿厢平层，将乘客释放。

（1）复位紧急停止开关，如图 7—1—10 所示。

（2）复位控制柜开关，如图 7—1—11 所示。

（3）复位主电源开关，使电梯恢复正常运行，电梯正常平层，开门将乘客释放，如图 7—1—12 所示。

3. 在最近层站进行救援

确认电梯在就近层站，满足下列条件可打开层门进行救援，如图 7—1—13 所示。

图 7—1—11

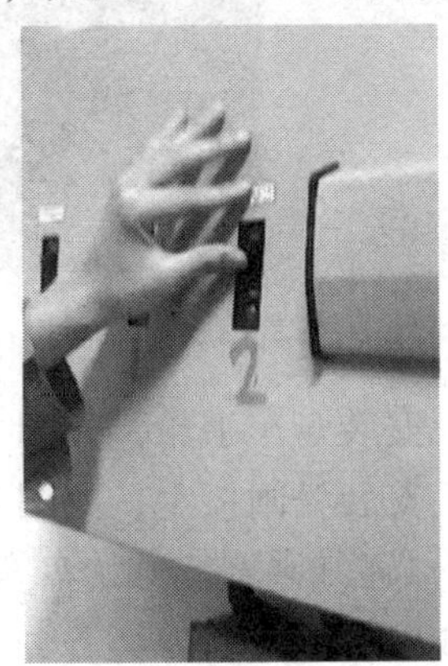

图 7—1—12

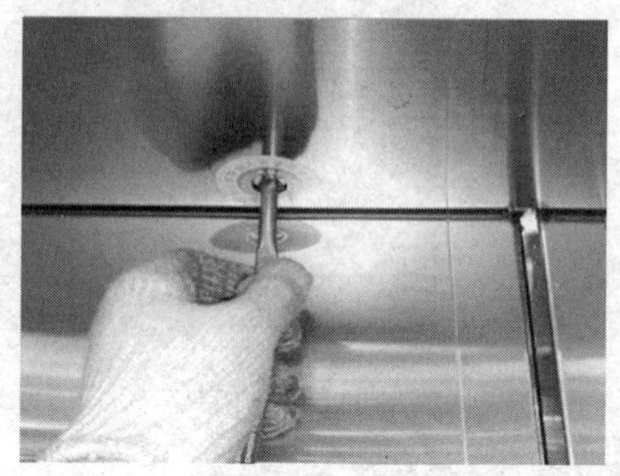

图 7—1—13

轿厢高于平层位置时，为防止坠落，轿厢护脚板与地坎之间不应有间距，轿厢地板和厅门出入口上端之间的高度要确保在 900 mm 以内。

轿厢低于平层位置时，为救出乘客，轿厢出入口上端和厅门地坎之间间距要确保在 900 mm 以内。

4. 手动盘车救人

（1）如发现电梯轿厢超出电梯导向行程或安全钳卡死等故障时，应立即停止救援，等待高级别救援队伍的指示。

（2）安装盘车手轮，松闸扳手

1）使用旋具打开盘车轮安装防护罩，如图 7—1—14 所示。

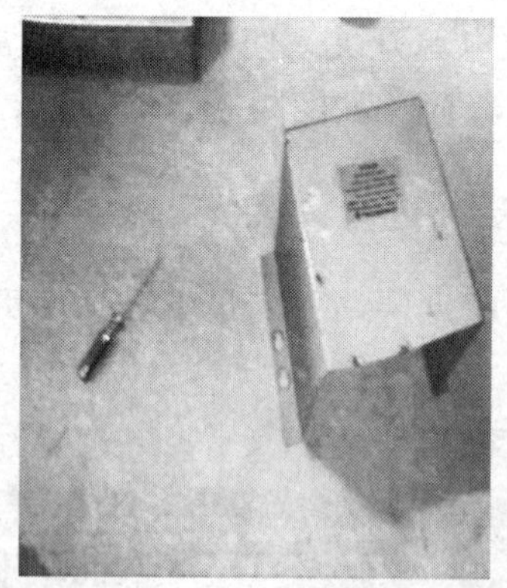

图 7—1—14

2）安装盘车手轮，如图 7—1—15 所示。

3）安装松闸扳手，如图 7—1—16 所示。

（3）通知乘客。开始盘车操作，要远离轿厢门，救援过程中轿厢会有振动现象，如图 7—1—17 所示。

（4）确认电梯主电源处于断开状态，如图 7—1—18 所示。

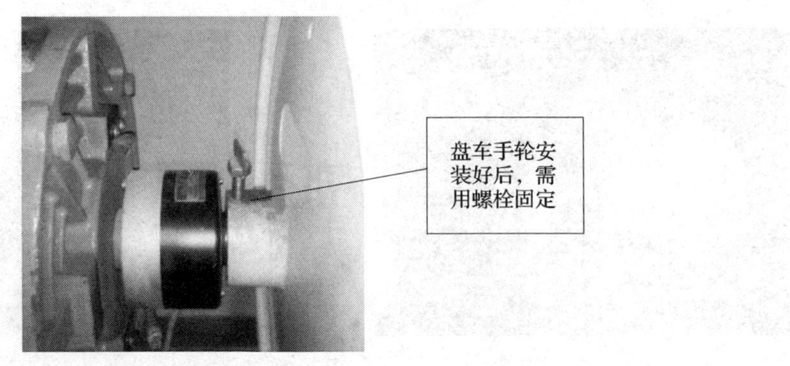

图 7—1—15

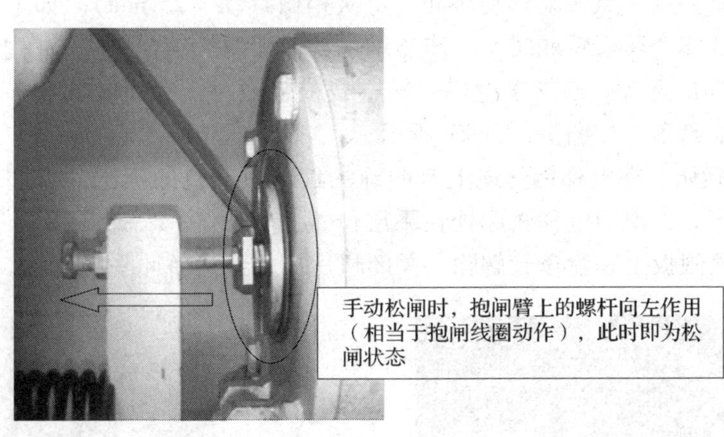

图 7—1—16

图 7—1—17

图 7—1—18

（5）进行盘车救人

1）确认松闸扳手适当位置，进行渐进式松闸（此点很重要，严格按照规定操作，以防发生二次事故），如图 7—1—19 所示。

2）一人松闸，一人盘车，如图 7—1—20 所示。

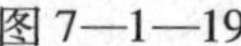
图 7—1—19

图 7—1—20

注意：扳手要一点一点转动移动轿厢，每次稍微移动（25 mm）。如不能安全作业时要停止；在可以确认安全运行轿厢时，一步步增加，但限制 1 次在 300 mm 内。

（6）盘车方向的选择。通常在电梯轿厢空载或轻载时，选择向上盘车，在电梯重载或满载时，选择向下盘车，如图 7—1—21 所示。

（7）平层的确认。在电梯钢丝绳上有明确的红色或黄色的标记，当这个标记与曳引机大梁上的标记对齐时，说明电梯轿厢处在平层位置，如图 7—1—22 所示。当电梯轿厢到达平层位置后，将松闸扳手和盘车轮解除，关闭机房门并到达轿厢平层楼层。

图 7—1—21

图 7—1—22

（8）放行乘客：在最近层站进行救援操作救出乘客。

5. 恢复电梯的正常运行

（1）紧急停止开关复位。手动复位紧急停止开关，如图 7—1—23 所示。

（2）控制柜开关复位。手动复位控制柜停止开关，如图 7—1—24 所示。

（3）主电源开关复位。手动复位主电源开关，如图 7—1—25 所示。

（4）填写维修保养表。将盘车救人操作的工作过程记录在维修保养记录表中，如图 7—1—26 所示。

（5）恢复电梯正常运行。一切做完后要观察电梯能否正常运行，若不能正常运行应检查电梯，进行电梯故障的排除。

图 7—1—23

图 7—1—24

图 7—1—25

图 7—1—26

二、曳引机的保养

曳引机保养仅在电梯断电后进行，步骤如下：

1. 曳引机保养前准备

（1）打开机房照明，如图 7—1—27 所示。

（2）检查机房温度（机房温度应为 5 ~ 40℃），如图 7—1—28 所示。

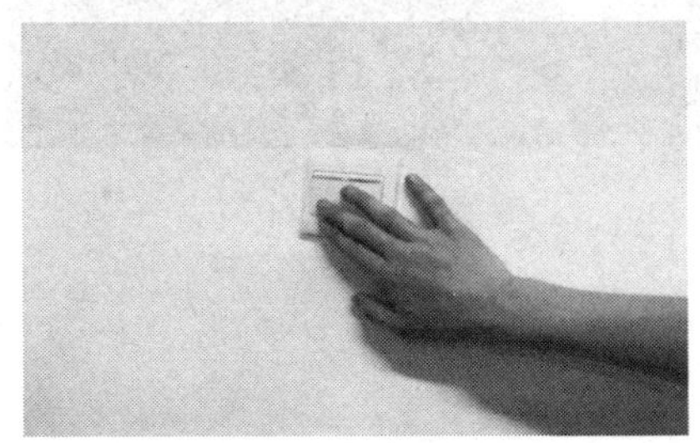

图 7—1—27

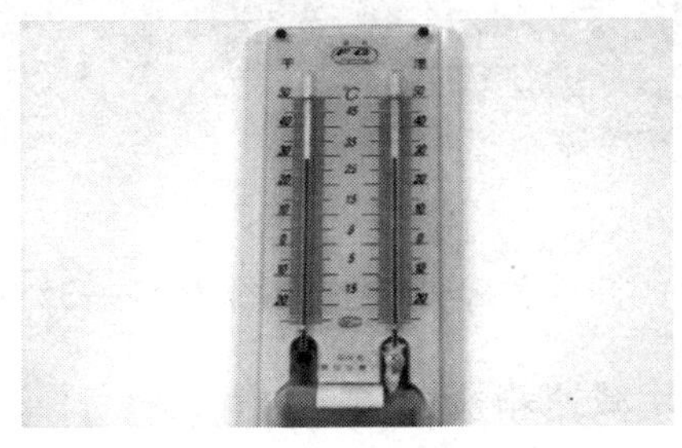

图 7—1—28

（3）检查机房排气扇是否正常工作，如图 7—1—29 所示。

（4）检查机房是否配备基本消防设备（应配备），如图 7—1—30 所示。

图 7—1—29

图 7—1—30

（5）使用三方对讲系统与电梯轿厢联系，确保轿厢无人，如图 7—1—31 所示。

（6）断开电梯电源

1）断开电梯总电源（但不应断开轿厢照明通风及报警装置的电源），如图 7—1—32 所示。

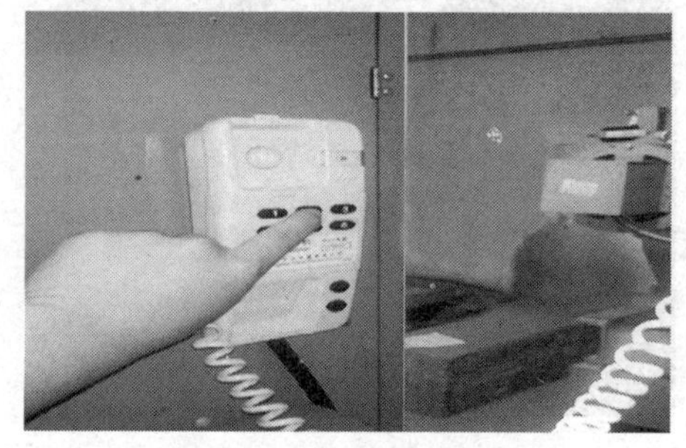

图 7—1—31

图 7—1—32

2）打开井道照明，如图 7—1—33 所示。

3）断开控制柜电源，如图 7—1—34 所示。

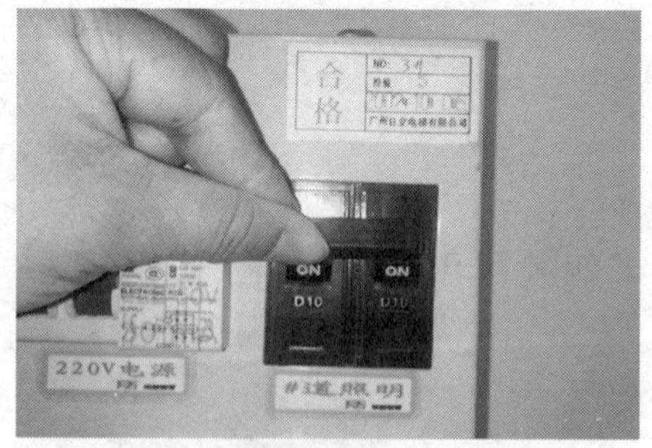

图 7—1—33

图 7—1—34

4）打开急停开关，如图 7—1—35 所示。

2. 减速箱检查

（1）检查减速箱油位（减速箱的注入油量应合适）

1）曳引机工作时，润滑油的液面不稳定，为保证润滑油测量的准确性，首先应取出曳引机油针，将机油针表面的润滑油擦拭干净，如图 7—1—36 所示。

图 7—1—35

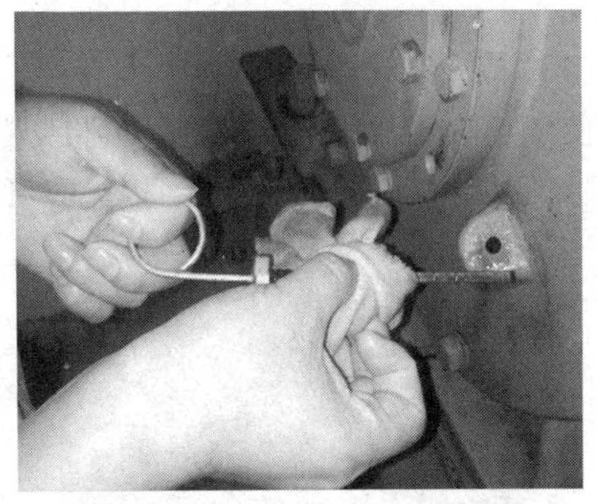
图 7—1—36

2）正常的润滑油液面应位于两条刻线之间，如图 7—1—37 所示。

3）如果润滑油超过油针的上限，需要从如图 7—1—38 所示的排油孔将润滑油排出。

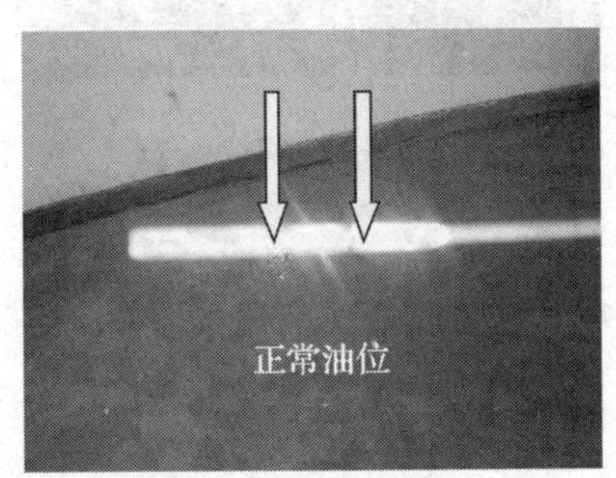

图 7—1—37

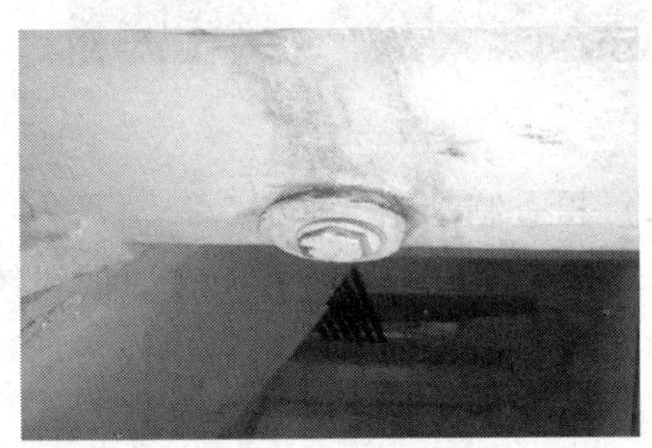
图 7—1—38

4）如果润滑油低于油针的下限，需要从图 7—1—39 所示的注油孔将润滑油注入。

（2）检查减速箱油温

1）使用热电偶温度表调到温度挡位，如图 7—1—40 所示。

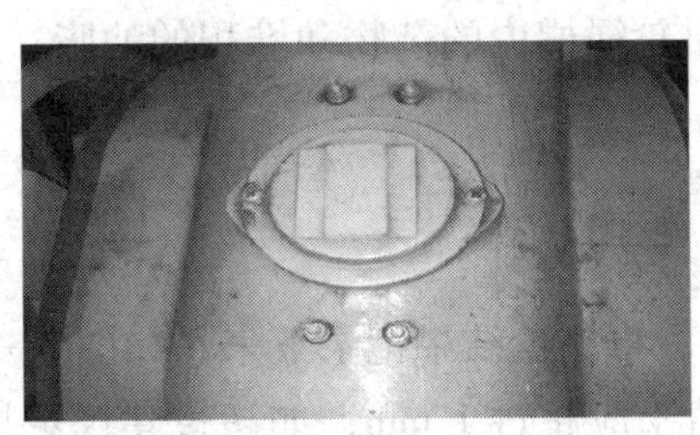
图 7—1—39

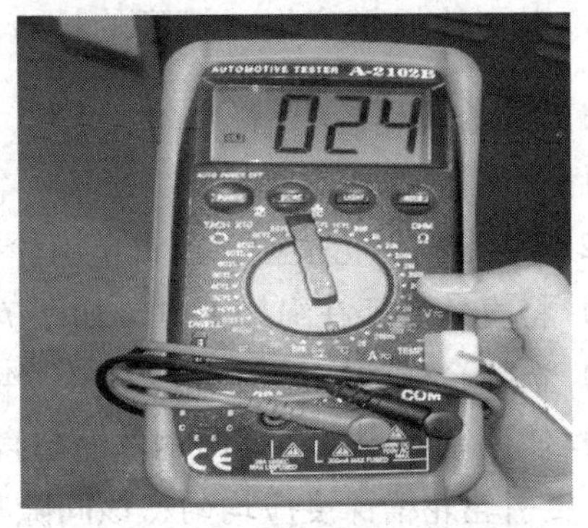

图 7—1—40

2）测量曳引机减速箱外壳温度，该温度应小于85℃，如图7—1—41所示。

3. 制动器检查

（1）检查制动器线圈

使用热电偶温度计测量制动器线圈，温度应控制在60℃以下，最高温度不应大于105℃（目测制动器线圈，线圈接头应可靠，外部绝缘良好），如图7—1—42所示。

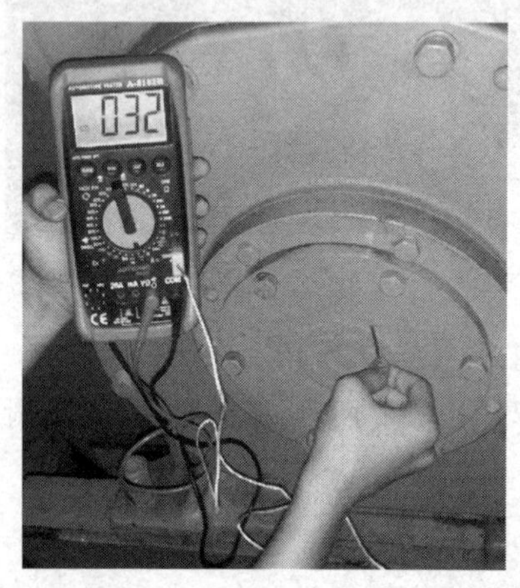

图7—1—41

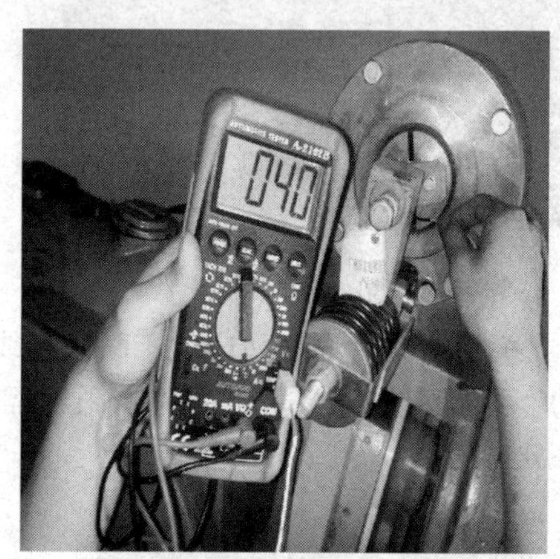

图7—1—42

（2）检查制动轮

制动轮表面应清洁，假如有油溅到其表面，应立即擦干净。

（3）检查电磁铁铁心是否动作灵活

外观检查，必要时用塞尺测量。

制动时两侧闸瓦应紧密、均匀地贴合在制动轮工作面上，松闸时制动轮与闸瓦不发生摩擦。如果不灵活，可在套筒内与活动铁心之间用石墨粉润滑。

其他注意事项：制动器开闸四角处间隙两侧平均值不大于0.7 mm，开闸时同步离开；制动时两侧闸瓦应紧密、均匀地贴合在制动轮的工作面上。

4. 曳引轮绳槽磨损、槽型的检查

（1）检查曳引轮绳槽

目测曳引轮绳槽有无杂物，如有，需要清除曳引轮绳槽内的杂物和堆积的油脂。

（2）确定曳引轮槽型，检查曳引轮轮槽深度。

1）将直角尺架在绳槽上方，如图7—1—43所示。

2）选择合适的塞尺，如图7—1—44所示。

3）使用塞尺测量绳槽内钢丝绳与直角尺的间隙，将测量结果记录下来，如图7—1—45所示。曳引轮轮槽深度应均匀；该间隙与间隙平均值不应超过1 mm，如超过建议更换钢丝绳。

图 7—1—43

图 7—1—44

5. 导向轮绳槽磨损、槽型检查

（1）检查轮槽：应清除轮槽内的杂物和堆积的油脂。

（2）确定导向轮槽型，检查导向轮轮槽深度：导向轮轮槽深度应均匀（测量方法同曳引轮测量）。

6. 曳引钢丝绳挡绳杆检查

检查钢丝绳与挡绳装置间隙。将角尺垂直放在曳引轮上，并且靠近挡绳杆。再将塞尺水平靠在挡绳下方，塞尺与角尺交于一点，即是绳槽与挡绳的距离，图 7—1—46 中测得结果为 4 mm。该数值应不超过钢丝绳直径的一半。

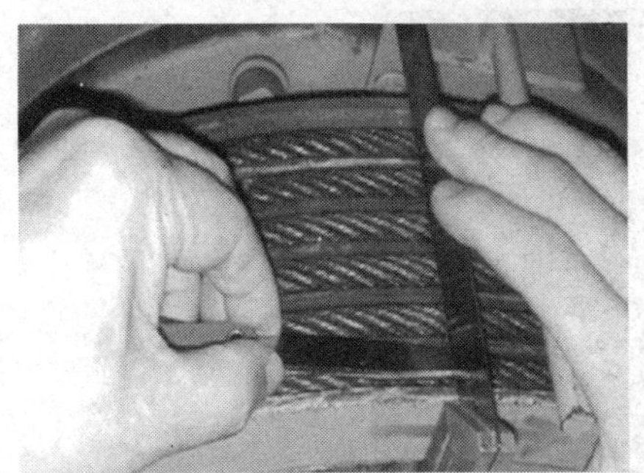
图 7—1—45

图 7—1—46

7. 曳引轮垂直度测量

使用角尺与线锤测量曳引轮垂直度：

（1）在曳引轮上沿悬挂线锤，使用角尺测量线锤与曳引轮上沿的距离为 23 mm，如图 7—1—47 所示。

（2）使用角尺测量线锤与曳引轮上沿的距离为 22. 5 mm，曳引轮垂直度为 23 - 22. 5 = 0. 5 mm；小于 2 mm 符合国家标准要求，如图 7—1—48 所示。

8. 恢复电梯的正常运行

复位各个开关：

图 7—1—47

图 7—1—48

（1）恢复急停开关。

（2）恢复控制柜总开关。

（3）关闭井道照明开关。

（4）恢复电梯机柜总电源开关。

（5）一切做完后要观察电梯能否正常运行，若不能正常运行应返回检查。

9．曳引轮线速度、角速度测量

（1）在曳引轮上设置荧光点，如图 7—1—49 所示。

图 7—1—49

（2）转速表挡位的选择，如图 7—1—50 所示。

（3）测量角速度

1）将转速表调整至线速度挡位，如图 7—1—51 所示。

2）安装线速度表的表头，如图 7—1—52 所示。

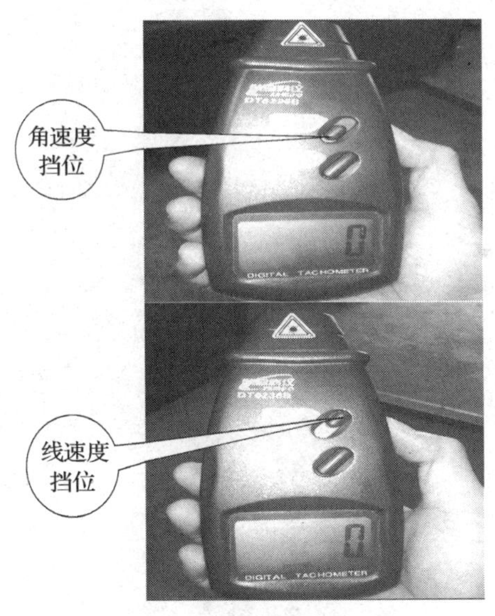

图 7—1—50

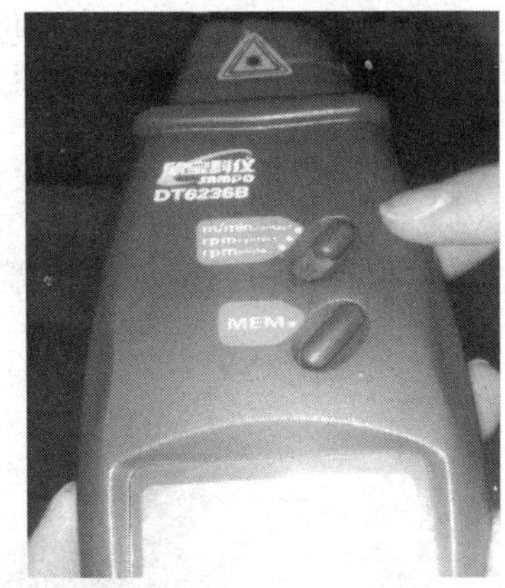

图 7—1—51

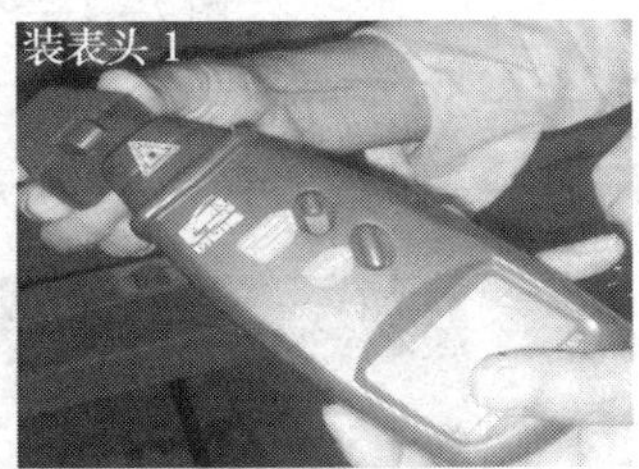

图 7—1—52

3）注意持表的方式，如图 7—1—53 所示。

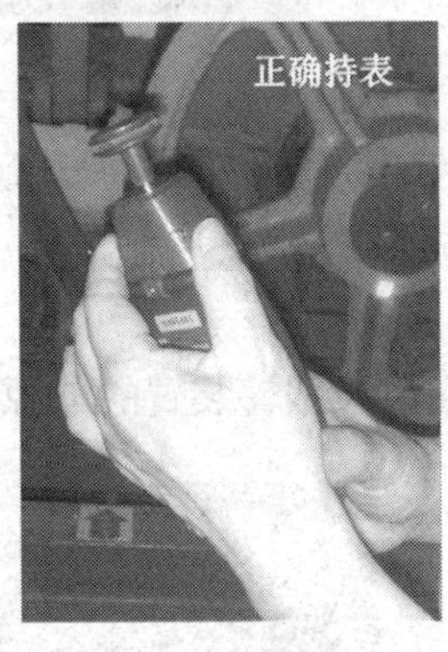

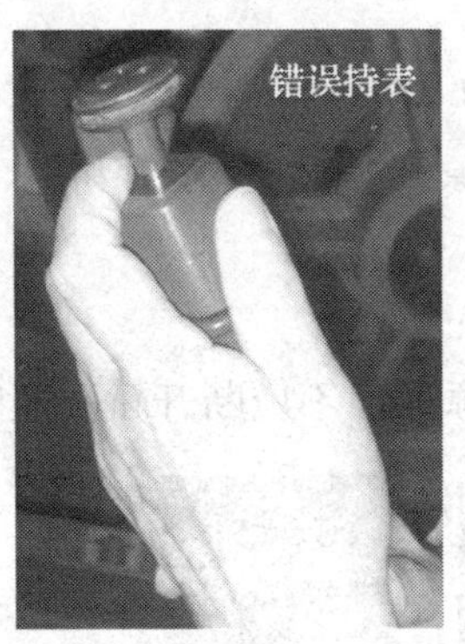

图 7—1—53

4）将表头靠住曳引绳，测量钢丝绳的运行速度。根据钢丝绳的绕法可以根据钢丝绳的运行速度确定电梯轿厢的实际运行速度。如果是 1∶1 绕法，则轿厢速度等于钢丝绳速度；如果是 2∶1 绕法，则轿厢速度等于钢丝绳速度除以 2。当电源为额定电压、额定频率时，电梯轿厢半载，向下运行至行程中段（除去加速和减速段）时的速度，不得大于额定速度的

105%，也不宜小于额定速度的92%。

三、限速器的保养

限速器的保养仅在电梯断电后进行，步骤如下：

1. 限速器保养前准备

（1）打开机房照明，如图7—1—54所示。

（2）检查机房温度（机房温度应为5～40℃），如图7—1—55所示。

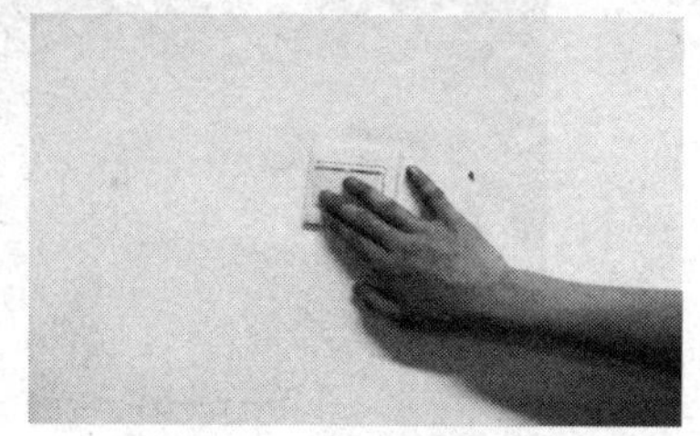

图7—1—54

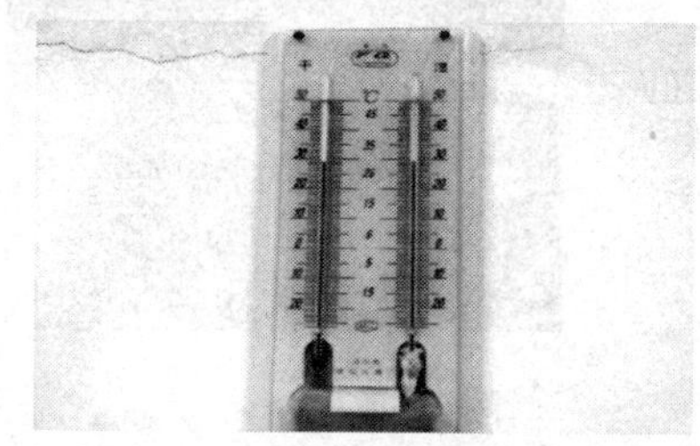

图7—1—55

（3）检查机房排气扇是否正常工作，如图7—1—56所示。

（4）检查机房是否配备基本消防设备（应配备），如图7—1—57所示。

图7—1—56

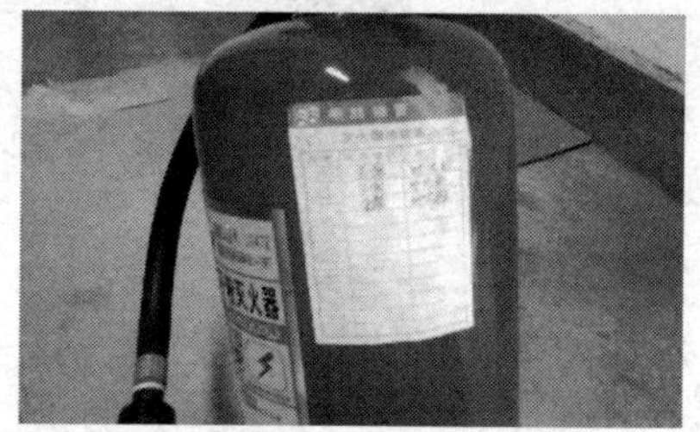

图7—1—57

（5）断开电梯电源（使用三方对讲系统与电梯轿厢联系，确保轿厢无人），如图7—1—58所示。

（6）断开电梯电源

1）断开电梯总电源（但不应断开轿厢照明通风及报警装置的电源），如图7—1—59所示。

图7—1—58

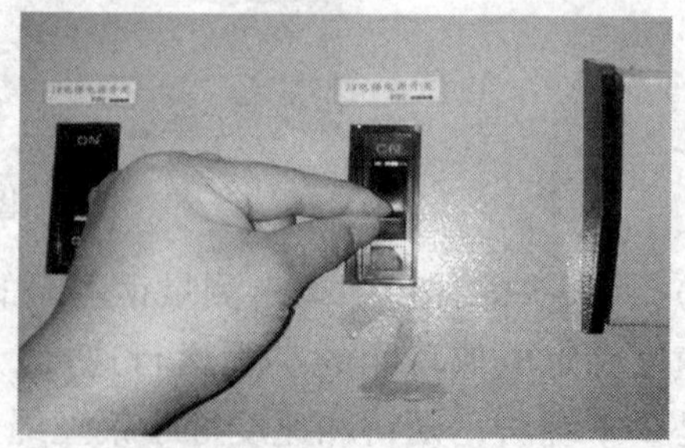

图7—1—59

2）打开井道照明，如图 7—1—60 所示。

3）断开控制柜电源，如图 7—1—61 所示。

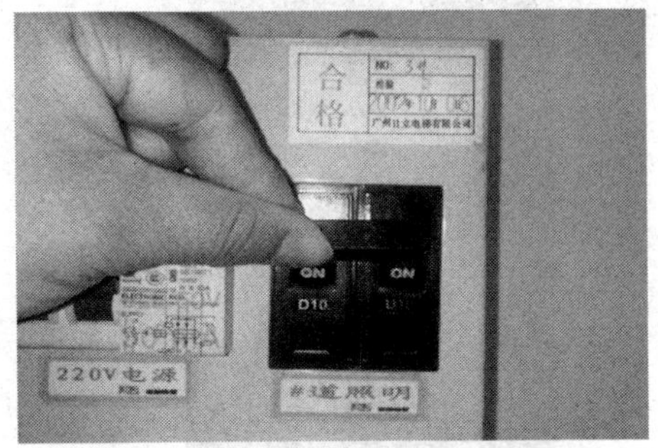

图 7—1—60

图 7—1—61

4）打开急停开关，如图 7—1—62 所示。

图 7—1—62

2．打开限速器外壳

（1）限速器如图 7—1—63 所示，打开限速器外壳固定螺丝。

（2）拆卸限速器外壳，如图 7—1—64 所示。

3．检查限速器运动部件是否动作灵活可靠

（1）检查限速器内部视图，如图 7—1—65 所示。

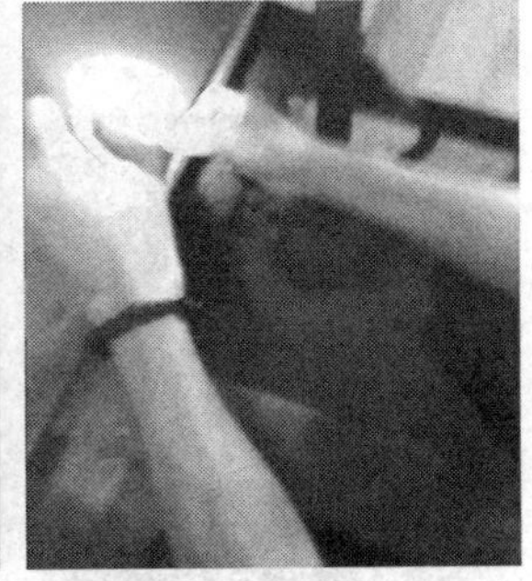

图 7—1—63　限速器

（2）将限速器动作杠杆释放，如图 7—1—66 所示。

（3）将限速器棘爪释放，甩块下落将限速器钢丝绳卡住，如图 7—1—67 所示。

4．检查限速器绳槽

（1）使用直角尺架在绳槽上方，如图 7—1—68 所示。

（2）选择合适的塞尺，用塞尺测量钢丝绳至直角尺的距离，如图 7—1—69 所示，垂直度偏差应小于 2 mm。

图 7—1—64

图 7—1—65

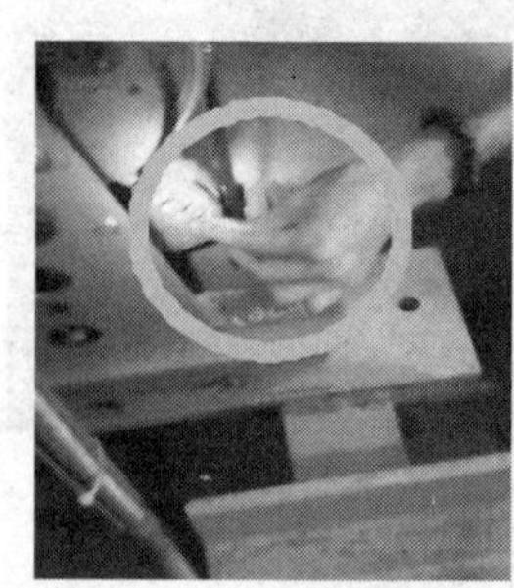
图 7—1—66

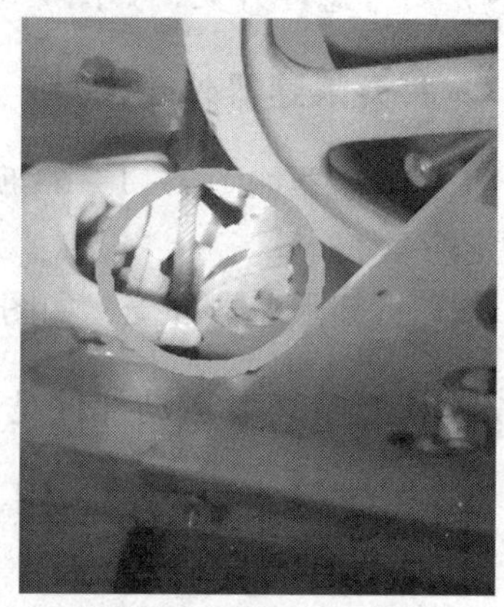
图 7—1—67

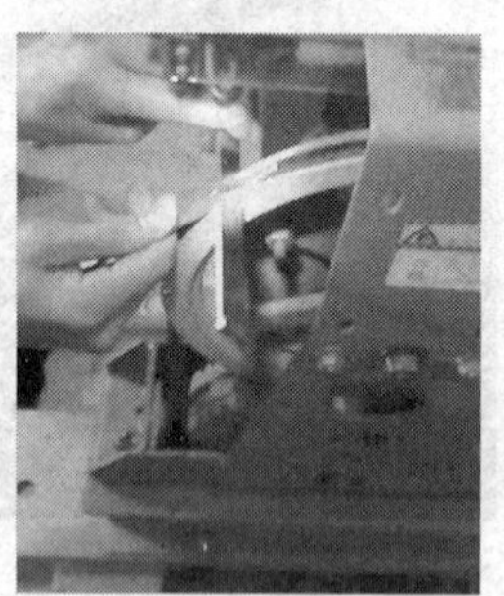
图 7—1—68

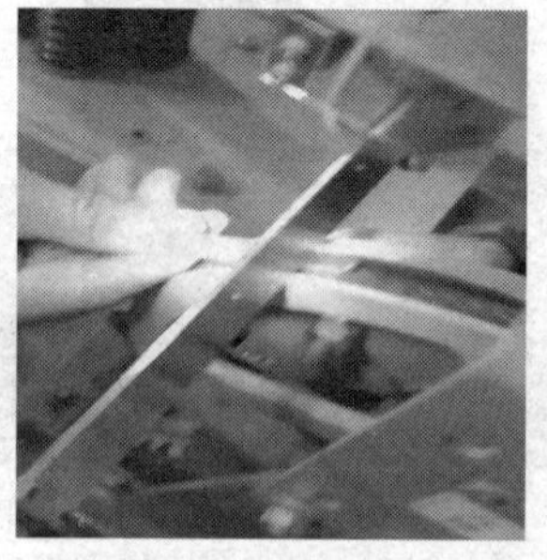
图 7—1—69

（3）及时清除轮槽内的杂物和堆积的油脂。

5. 进行限速器的复位

（1）限速器开关复位。

1）手动复位限速器开关动作挡杆，如图 7—1—70 所示。

2）复位限速器动作开关，如图 7—1—71 所示。

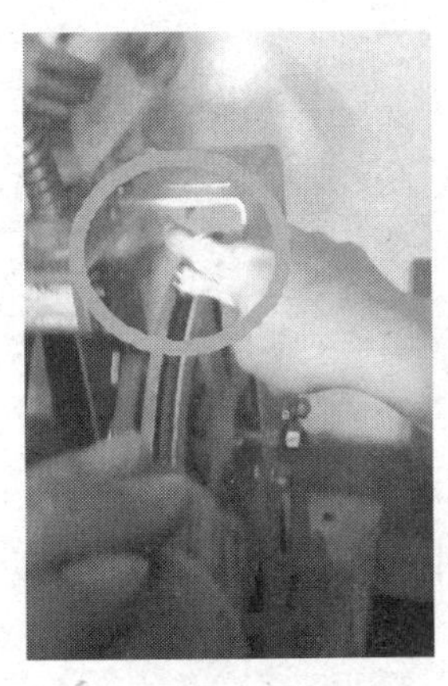

图 7—1—70

图 7—1—71

（2）限速器甩块复位：手动将限速器甩块复位到正常位置，如图 7—1—72 所示。

（3）限速器外壳复位：将限速器外壳固定螺丝复位，如图 7—1—73 所示。

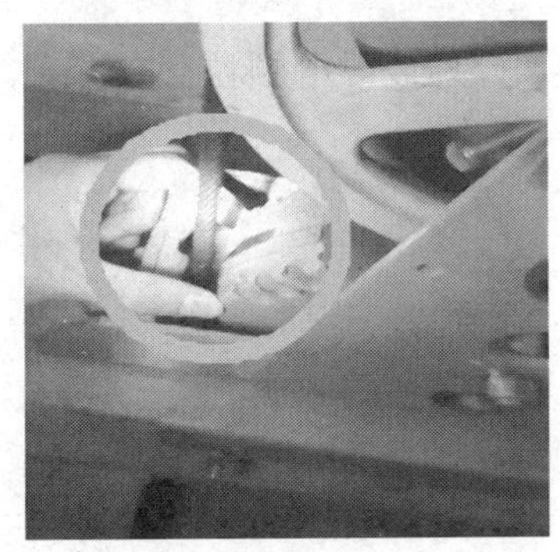

图 7—1—72

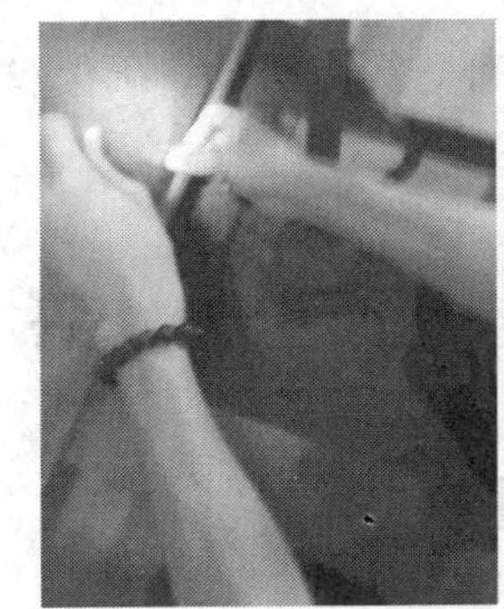

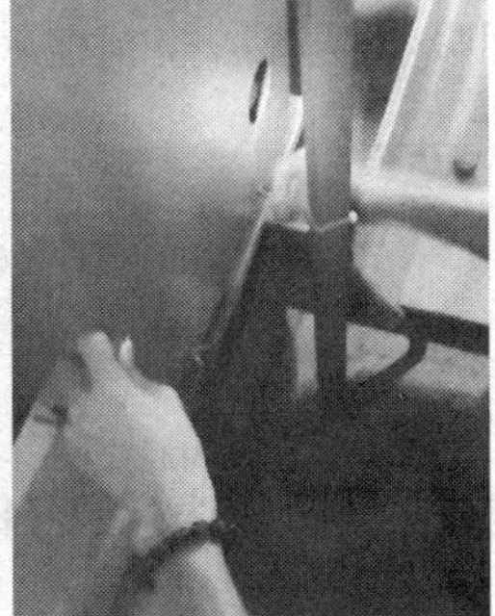

图 7—1—73

6. 恢复电梯的正常运行

复位各个开关。

（1）恢复控制柜总开关。

（2）恢复急停开关。

（3）关闭井道照明开关。

（4）一切做完后要观察电梯能否正常运行，若不能正常运行应返回检查。

四、控制柜的保养

控制柜的保养措施如下：

1. 机房通话功能的检查

用机房通话机分别与轿厢、值班室、轿顶、底坑对讲，检查通话功能是否异常。

2. 机房急停开关的检查

电梯机房检修运行时，动作急停开关检验其有效性。

3. 变压器绝缘测量

断开电源，用绝缘摇表测量变压器绝缘是否符合要求。

4. 驱动、 控制、 安全线路绝缘测量

断开电源，用绝缘摇表测量驱动、控制、安全线路绝缘是否符合要求。

5. 控制柜接线端子检查

检查接线端子是否有松动，对松动的接线端子用螺丝刀进行紧固。

6. 控制柜的清洁

用吸尘器清洁控制柜底部、缝隙等处，确保没有灰尘、碎屑或导电颗粒存在。

第二节 井 道

一、轿顶及相关设备的保养

1. 井道设备保养前的准备

（1）通知物业或业主

通知物业经理或业主，将进行电梯保养工作。

将告知牌张贴于首层厅外按钮位置，如图 7—2—1 所示。

（2）设置防护栏

首层层门外摆放厅外护栏，轿厢内放置轿厢内护栏，如图 7—2—2 所示。

图 7—2—1

图 7—2—2

（3）打开井道照明

确保井道照明已打开，并确认保养结束前始终保持照明，如图 7—2—3 所示。

2. 安全进入轿厢顶并清洁轿厢顶站

（1）将要维护的电梯开到顶层楼面，然后将电梯往下开，检修工估计运行距离后用三角钥匙开启厅门，开启门距不大于 120 mm 观察轿厢顶位置，适合检修工能登上轿厢顶即可。

（2）打开轿厢顶急停开关及打开照明，并验证轿顶急停开关的有效性。

（3）将检修箱转换开关转到“检修”位置。

（4）准备工作就绪后，进入轿厢顶，将电梯门关好，可以点动移动轿厢。

（5）确保轿厢移动时的安全，检修人的肢体不能超出轿厢顶围栏的水平空间。

（6）轿厢停稳后才可以进行作业。

（7）在井道作业，严禁跨站于运动物体与静止物体之间或两个相对运动的物体之间。

3. 曳引钢丝绳的保养

（1）检查绳头组合

检查各个地方绳头组合螺母是否拧紧，U 形卡有无移位，如图 7—2—4 所示。

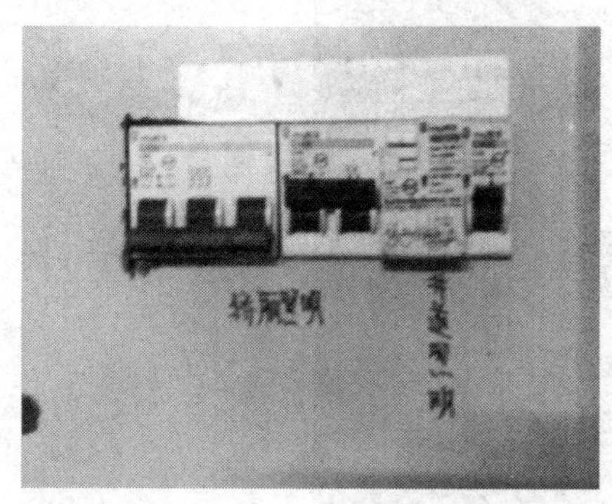

图 7—2—3

图 7—2—4

（2）检查反绳轮

所有钢丝绳必须在绳槽同一水平上平稳旋转，无异响，只有钢丝绳接触发出的声音。轴承无异味，无移位，无高温燃烧后的变色迹象。检查挡绳装置是否牢固。如钢丝绳有异常，检查并更换，如图 7—2—5 所示。

图 7—2—5

（3）检查曳引钢丝绳

检查曳引钢丝绳的状态：检修运行，对钢丝绳磨损和断裂情况逐点检查，不超过范围。每根钢丝绳的张力与平均值偏差不大于5%，应保持均匀。当钢丝绳直径相对于公称直径减小 7% 或更多时，即使未发现断丝，该钢丝绳应报废，如图 7—2—6 所示。

图 7—2—6

4. 限速器钢丝绳的保养

（1）检查限速器钢丝绳的固定

检查限速器的钢丝绳是否固定在轿顶上，如图 7—2—7 所示。

图 7—2—7

（2）检查限速器钢丝绳的磨损

对限速器钢丝绳磨损和断裂情况逐点检查，不超过国标范围。当钢丝绳直径相对于公称直径减小 7% 或更多时，即使未发现断丝，该钢丝绳应报废，如图 7—2—8 所示。

5. 导轨的保养

（1）检查导轨的润滑

导轨必须保持有油润滑，如图 7—2—9 所示。

（2）检查导靴的润滑

确保滑动导靴油杯在进行下次维保前有足够的润滑油，如图 7—2—10 所示。注意：不要对滚动导靴表面进行润滑。

图 7—2—8

图 7—2—9

6．轿厢导靴的保养

（1）检查导靴的磨损

检查滑动导靴在导轨上滑动所产生的摩擦对其衬垫所引起的磨损情况，如磨损过大，间隙应不大于 1 mm，轿厢在运行时产生晃动现象，应及时调换，如图 7—2—11 所示。

图 7—2—10

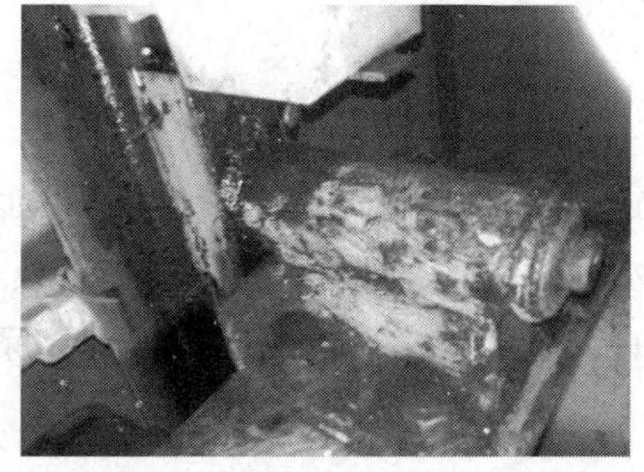

图 7—2—11

（2）检查导靴的间隙

滑动导靴为导轨顶面与两导靴内表面间隙之和为 2 ~ 4 mm，滚动导靴为导轨表面与导靴内表面无间隙，弹簧伸缩范围为 2 ~ 2.5 mm，如图 7—2—12 所示。

（3）检查导靴的对中

检查滚动导靴是否偏离导轨。当滚轮脱圈、剥落、轴承损坏时应及时更换，导轨工作面需干净无油，如图 7—2—13 所示。

7．通话检查

视情况检查五方通话功能。

8．退出轿厢顶、结束保养

（1）安全退出轿厢顶

1）检查门锁回路。

图 7—2—12

图 7—2—13

2）确认急停开关、检修开关。

3）安全退出轿厢顶。

（2）结束保养

1）试乘电梯。

2）结束保养。

二、门区设备的保养

1. 井道设备保养前的准备

（1）通知物业或业主。通知物业经理或业主，将进行电梯保养工作。将告知牌张贴于首层厅外按钮位置，如图 7—2—14 所示。

（2）设置防护栏。首层层门外摆放厅外护栏，轿厢内放置轿内护栏，如图 7—2—15 所示。

图 7—2—14

图 7—2—15

（3）打开井道照明。确保井道照明已打开，并确认保养结束前始终保持照明，如图 7—2—16 所示。

2. 安全进入轿厢顶并清洁轿厢顶站

（1）将要维护的电梯开到顶层楼面，然后将电梯往下开，检修工估计运行距离后用三角钥匙开启厅门，开启层门，在层门打开宽度不大于 120 mm 的情况下观察轿厢顶位置，适合检修工能登上轿厢顶即可。

（2）打开轿厢顶急停开关及打开照明，并验证急停开关的有效性。

（3）将检修箱转换开关转到“检修”位置。

（4）准备工作就绪后，进入轿厢顶，将电梯门关好，可以点动移动轿厢。

（5）确保轿厢移动时的安全，检修人的肢体不能超出轿厢顶围栏的水平空间。

（6）轿厢停稳后才可以进行作业。

（7）在井道作业，严禁跨站于运动物体与静止物体之间或两个相对运动的物体之间。

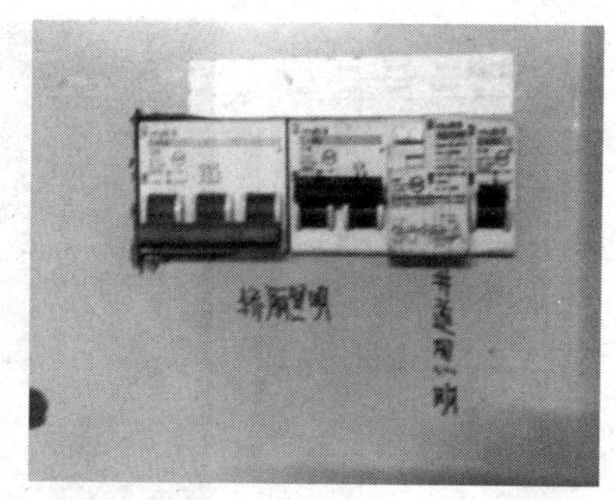

图 7—2—16

3. 检查层门钩子锁

（1）检查钩子锁可靠性

1）检查钩子锁电气触点的接触是否良好，间隙是否达标等，锁紧元件的最小啮合深度为 7 mm，如图 7—2—17 所示。

图 7—2—17

2）如果检查到钩子锁的缝隙有差异，可拿内六角扳手调整，如图 7—2—18 所示。

图 7—2—18

（2）检查钩子锁可靠性

在慢车行驶中，扒层门，确认电梯门锁可靠，触点不会断开，检查门锁可靠性及灵敏度，如图 7—2—19 所示。

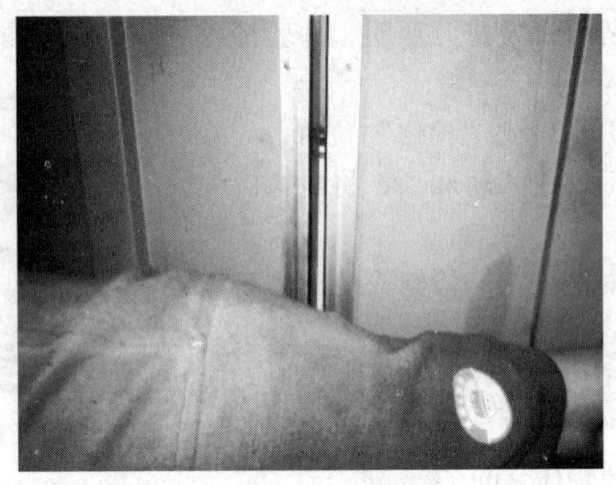

图 7—2—19

(3) 清洁、调整主副触点

1) 如图 7—2—20 所示为门锁电气触点，保养时，注意触点接触是否良好，是否能正常工作。

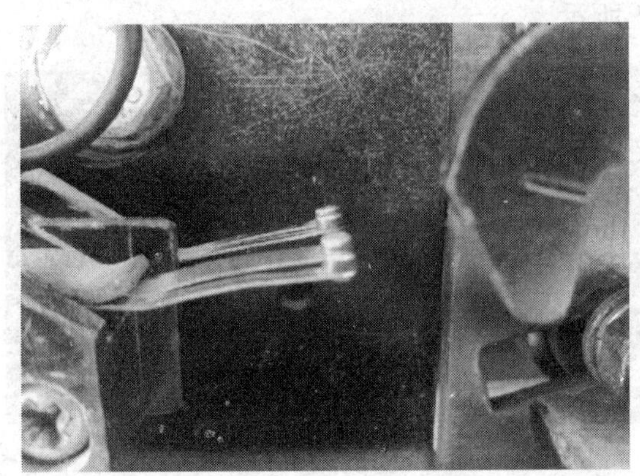

图 7—2—20

2) 清洁门锁各触点，保持触点灵敏可靠，如图 7—2—21 所示。

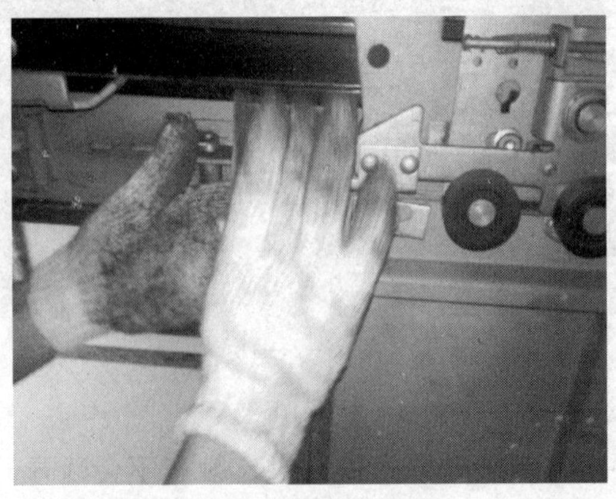

图 7—2—21

4. 检查层门开启和关闭状态

检查层门开启是否顺畅，并确保门扇与门套之间距离为 1 ~ 6 mm，如图 7—2—22 所示。门关闭状态时保证不出现 A 字门和 V 字门，并确保门扇和门扇之间距离为 1 mm。

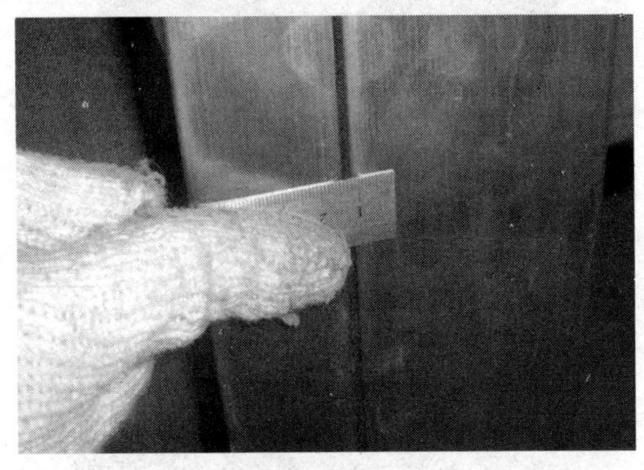

图 7—2—22

5. 调整层门自闭力、偏心轮

（1）调整层门自闭力

检查门钢丝绳的自闭力是否正常（层门在全行程范围内可以自动关闭），如图 7—2—23 所示。

图 7—2—23

（2）调整电气副锁触点

调整电气副锁触点的行程量在（3 ±1）mm，如图 7—2—24 所示。

（3）检查偏心轮

应检查偏心轮滚动是否灵活，固定情况是否牢固。检查偏心轮与门导轨之间间隙为 0. 1 ~ 0. 3 mm，如图 7—2—25 所示。

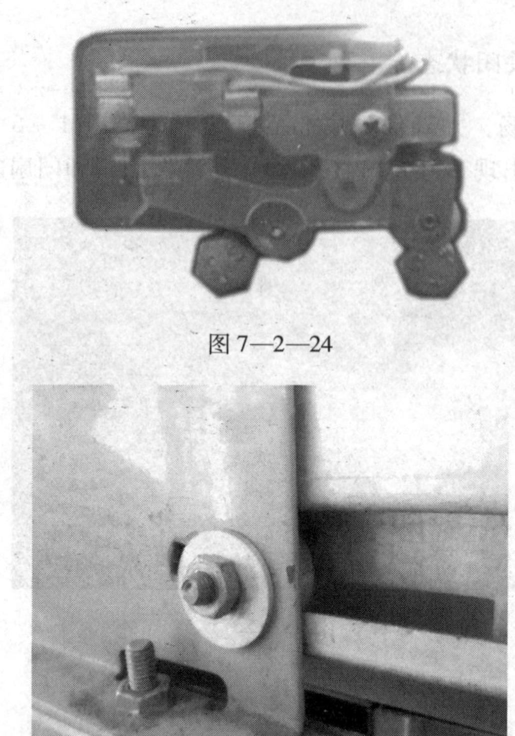

图 7—2—24

图 7—2—25

（4）检查门滑轮

保养需注意，滑轮是否能滑动，有无锈死，有无卡住，如图 7—2—26 所示。

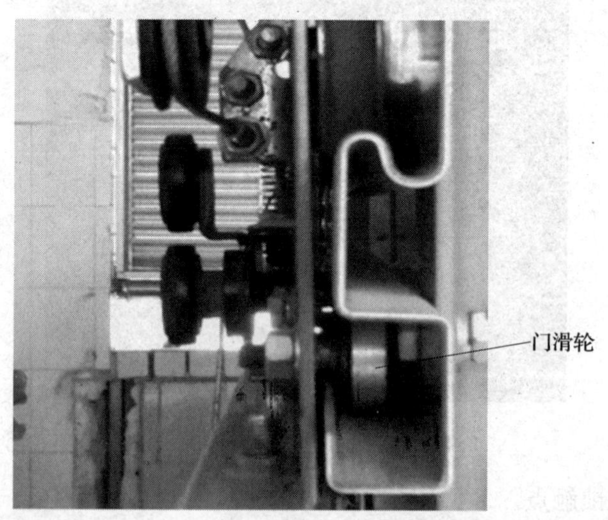

图 7—2—26

（5）检查门滑块

日常保养时需注意门滑块的磨损，如果磨损过度，应更换门滑块。

6. 检查、清洁层门

（1）对上门坎进行清洁吸尘，将上门坎顶部的碎屑进行清洁。对门挂板、门导轨顶部和底部进行清洁和吸尘，如图 7—2—27 所示。

（2）清扫门导轨等上面的灰尘，如图 7—2—28 所示。

图 7—2—27

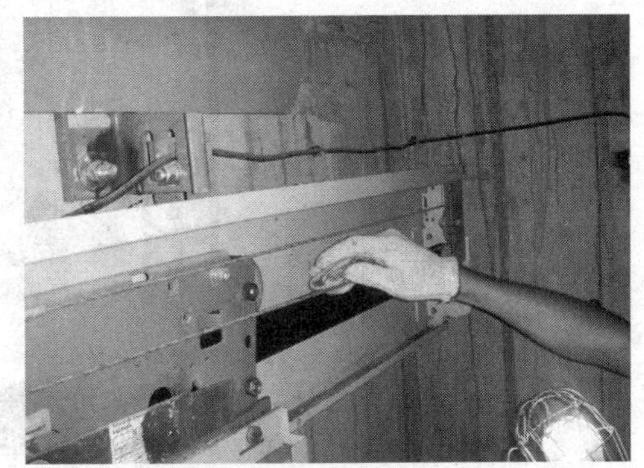

图 7—2—28

（3）清洁层门地坎（在发现异物情况下进行此项）：对层门地坎进行清洁，清除碎屑或阻塞物，保证层门运行通畅，如图 7—2—29 所示。

7. 调整各开关与撞弓的相对位置

调整端站保护开关与撞弓的相对位置为（58 ± 1）mm，如图 7—2—30 所示。

图 7—2—29

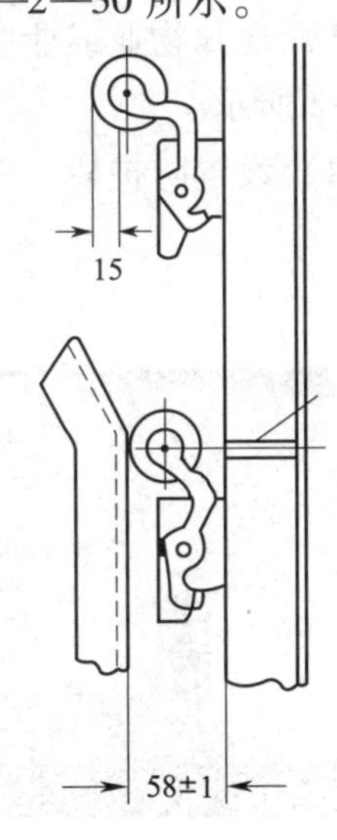

图 7—2—30

第三节　底　坑

电梯底坑如图 7—3—1 所示。

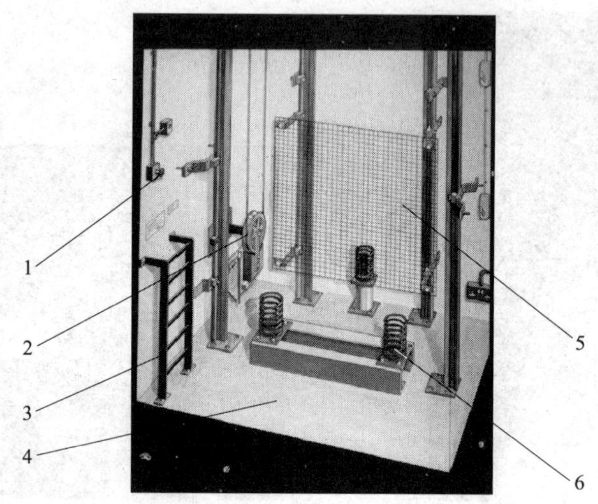

图 7—3—1　电梯底坑

1—底坑急停开关　2—张紧轮　3—底坑爬梯　4—底坑　5—对重护栏　6—缓冲器

一、缓冲器及限速器的保养

1. 底坑设备保养前的准备

（1）通知物业或业主。将进行电梯保养工作的告知牌张贴于首层厅外按钮位置，如图 7—3—2 所示。

（2）设置防护栏。首层厅门外摆放厅外护栏，如图 7—3—3 所示，轿厢内放置轿内护栏。

图 7—3—2

图 7—3—3

2. 安全进入底坑

（1）呼梯。通过呼梯按钮将电梯召唤到底层端站，如图 7—3—4 所示。将层站门与轿厢门打开并确保电梯轿厢中没有乘客。

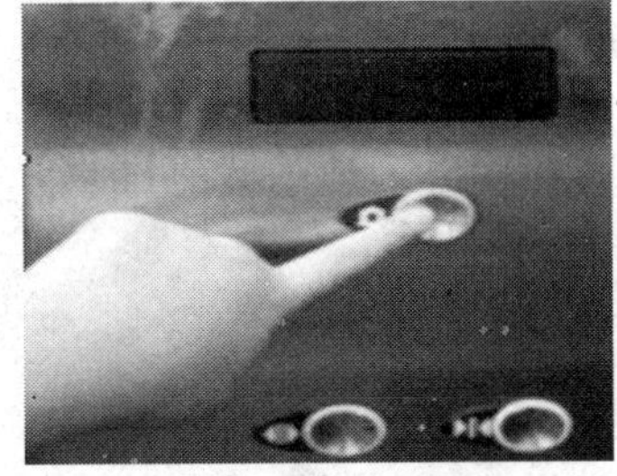

图 7—3—4

（2）打开厅门。按下轿厢按钮，将电梯送至上一层楼，到达适合的位置后，使用厅门三角钥匙打开厅门，如图 7—3—5 所示。

（3）检查门回路。使用厅门顶门器将厅门锁定在稍微开启位置，给出厅站呼梯信号，轿厢应不能动（验证门锁回路是否正常）。

（4）打开底坑急停开关。确保上下急停开关处于闭合状态，如图 7—3—6 所示。

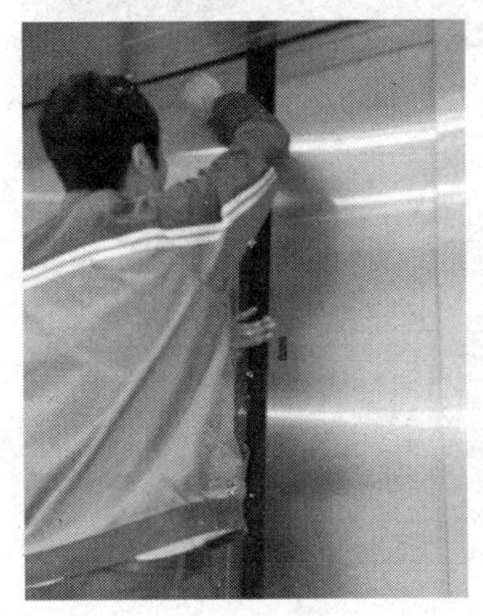

图 7—3—5

图 7—3—6

（5）打开底坑照明。目视检查底坑是否有足够的亮度，用电笔检查插座是否有效，如图 7—3—7 所示。

图 7—3—7

（6）进入底坑。将厅门关闭至最小的开启位置，利用爬梯下到底坑，开始进行底坑工作，如图 7—3—8 所示。

注意：底坑保养过程中不要将门完全打开。如果确实需要，可用门阻止器顶住厅门，避免有人从开着的门掉落底坑。

3. 底坑清洁

（1）检查并清扫底坑，清洁底坑部件，清除底坑多余物品，并保持底坑清洁，无渗水和积水，如图 7—3—9 所示。

图 7—3—8

图 7—3—9

（2）清理油盒。回收底坑油盒废油，如图 7—3—10 所示。

图 7—3—10

4. 检查轿厢、对重撞头与缓冲器的距离

距离如图 7—3—11 所示。

5. 缓冲器的保养

检查和复位缓冲器开关。检查缓冲器的完好性。如果是液压缓冲器，检查油位是否正确，并没有明显漏油现象，如图 7—3—12 所示。

6. 限速张紧轮的保养

（1）检查限速器断绳开关

1）检查限速器张紧轮装置与电气安全装置安装是否牢固。

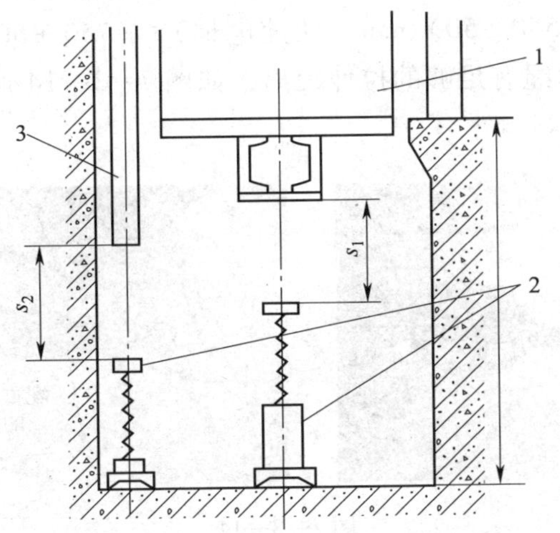

图 7—3—11

1—轿厢　2—缓冲器　3—对重　s_1—轿厢越程　s_2—对重越程

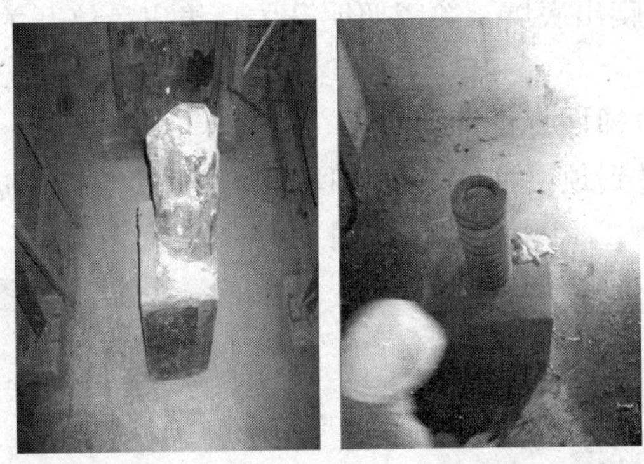

图 7—3—12

2）检查限速器断绳开关是否有效，慢车运行时该开关动作时电梯应停止运行，如图 7—3—13 所示。

图 7—3—13

（2）检查配重与底坑地面的距离。检查配重与底坑地面之间的距离是否为（400 ± 50）mm（低速电梯），（550 ± 50）mm（快速电梯），（750 ± 50）mm（高速电梯），在开关动作之前，保证钢丝绳有足够的拉伸距离，如图 7—3—14 所示。检查档绳杆与钢丝绳距离应小于绳径的 1/2。

图 7—3—14

7. 退出底坑、结束保养

（1）安全退出底坑。爬出底坑，关闭照明开关，拔出急停开关，如图 7—3—15 所示。

（2）结束保养

1）关闭厅门，确认电梯恢复正常。

2）将电梯从底层端站到顶层端站，再从顶层端站到底层端站运行一个来回，在底坑厅门处听底坑有无噪声和异响，结束保养，如图 7—3—16 所示。

图 7—3—15

图 7—3—16

二、底坑电气设备的保养

1. 底坑设备保养前的准备

（1）通知物业或业主。将进行电梯保养工作告知牌张贴于首层厅外按钮位置，如图 7—3—17 所示。

（2）设置防护栏。首层厅门外摆放厅外护栏，轿厢内放置轿厢内护栏，如图 7—3—18 所示。

图 7—3—17

图 7—3—18

2. 安全进入底坑

（1）呼梯。通过呼梯按钮将电梯召唤到底层端站，如图 7—3—19 所示。将层站门与轿厢门打开并确保电梯轿厢中没有乘客。

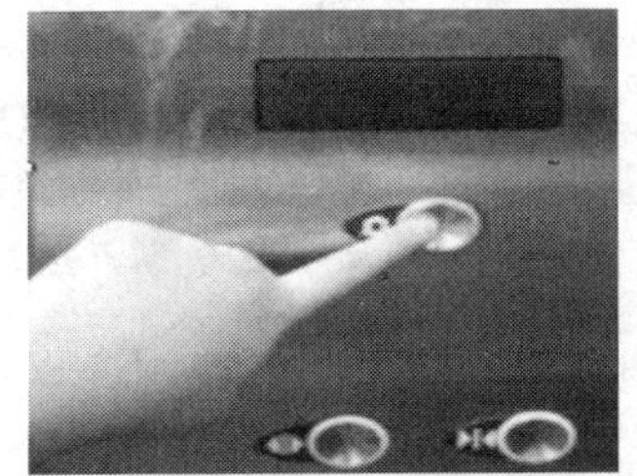

图 7—3—19

（2）打开厅门。按下轿厢按钮，将电梯送至上一层楼，到达适合的点位后，使用厅门三角钥匙打开厅门，如图 7—3—20 所示。

（3）检查门回路。使用厅门顶门器将厅门锁定在稍微开启位置，给出厅站呼梯信号，轿厢应不能动（验证门锁回路是否正常）。

（4）打开底坑急停开关。确保上下急停开关处于闭合状态，如图 7—3—21 所示。

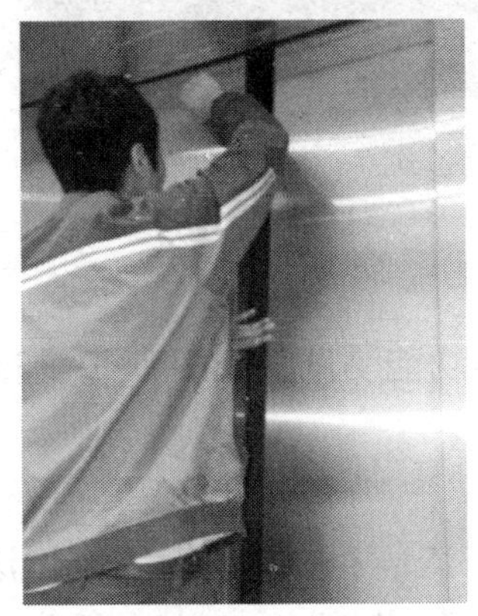

图 7—3—20

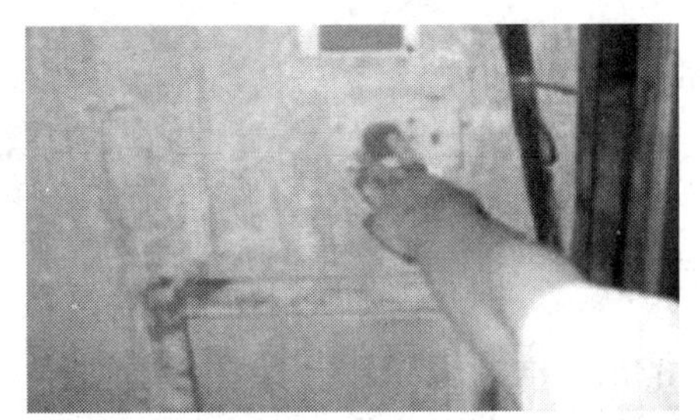

图 7—3—21

（5）打开底坑照明。有足够的亮度，插座有效，如图 7—3—22 所示。

图 7—3—22

（6）进入底坑。将厅门关闭至最小的开启位置，利用爬梯下到底坑，开始进行底坑工作，如图 7—3—23 所示。

注意：底坑保养过程中不要将门完全打开。如果确实需要，可用门阻止器顶住厅门，避免有人从开着的门掉落底坑。

3. 底坑清洁

检查并清扫底坑，清洁底坑部件，清除底坑多余物品，并保持底坑清洁，无渗水和积水，如图 7—3—24 所示。

图 7—3—23

图 7—3—24

4. 检查通话功能

检查底坑对讲是否完整，并进行五方（或三方）通话功能测试，如图 7—3—25 所示。

5. 检查安全钳

（1）清洁并润滑安全钳相关部件。对安全钳机构进行清洁和吸尘。对安全钳滚轮和弹簧等进行润滑，安全钳动作时楔块与导轨的接触面不需润滑，如图 7—3—26 所示。

图 7—3—25

图 7—3—26

（2）检查安全钳连杆结构。对连杆进行检查、清洁和润滑，如图 7—3—27 所示。手动操作连杆，确保安全钳机构的所有活动部件都没有阻塞现象。

检查连杆

图 7—3—27

6. 检测电气设备绝缘参数

利用兆欧表对电气设备绝缘参数进行测量，如图 7—3—28 所示。

图 7—3—28

7．退出底坑、结束保养

（1）安全退出底坑。爬出底坑，关闭照明开关，拔出急停开关，如图 7—3—29 所示。

（2）结束保养

1）关闭厅门，确认电梯恢复正常。

2）将电梯从底层端站到顶层端站，再从顶层端站到底层端站运行一个来回，在底坑厅门处听底坑有无噪声和异响，结束保养，如图 7—3—30 所示。

图 7—3—29

图 7—3—30